In Verbindung mit den Büchern der Ärztlichen Praxis und nach den gleichen Grundsätzen redigiert, erscheint die Monatsschrift

Die Ärztliche Praxis

Unter steter Bedachtnahme auf den in der Praxis stehenden Arzt bietet sie **aus zuverlässigen Quellen sicheres Wissen** und berichtet in kurzer und klarer Darstellung über alle Fortschritte, die für die ärztliche Praxis von unmittelbarer Bedeutung sind.

Der Inhalt des Blattes gliedert sich in folgende Gruppen:

Originalbeiträge: Diagnostik und Therapie eines bestimmten Krankheitsbildes werden durch erfahrene Fachärzte nach dem neuesten Stand des Wissens zusammenfassend dargestellt.

Fortbildungskurse: Die internationalen Fortbildungskurse der Wiener medizinischen Fakultät teils in Artikeln, teils in Eigenberichten der Vortragenden. Das Gesamtgebiet der Medizin gelangt im Turnus zur Darstellung.

Seminarabende: Dieser Teil gibt die Aussprache angesehener Spezialisten mit einem Auditorium von praktischen Ärzten wieder.

Neuere Untersuchungsmethoden: Die Rubrik macht mit den neueren, für die Praxis geeigneten Untersuchungsmethoden vertraut.

Aus neuen Büchern: Interessante und in sich abgeschlossene Abschnitte aus der neuesten medizinischen Literatur.

Zeitschriftenschau: Klar gefaßte Referate sorgen dafür, daß dem Leser nichts für die Praxis Belangreiches aus der medizinischen Fachpresse entgeht.

Der Fragedienst vermittelt jedem Abonnenten in schwierigen Fällen, kostenfrei und vertraulich, den Rat erfahrener Spezialärzte auf brieflichem Wege. Eine Auswahl der Fragen wird ohne Nennung des Einsenders veröffentlicht.

Die Ärztliche Praxis kostet **im Halbjahr zurzeit Reichsmark 3·60** zuzüglich der Versandgebühren.

Alle Ärzte, welche die Zeitschrift noch nicht näher kennen, **werden eingeladen, Ansichtshefte zu verlangen.**

DIPHTHERIE UND ANGINEN

VON

PROF. DR. CARL LEINER UND DR. FELIX BASCH
PRIMARARZT · ASSISTENT
DES MAUTNER-MARKHOFSCHEN KINDERSPITALES DER STADT WIEN

MIT 1 TEXTABBILDUNG

WIEN UND BERLIN
VERLAG VON JULIUS SPRINGER
1928

ISBN-13 : 978-3-7091-9636-6   e-ISBN-13 : 978-3-7091-9883-4
DOI : 10.1007/978-3-7091-9883-4

Vorwort.

Die Krankheitsbilder, mit denen sich die folgenden Ausführungen befassen, stellen sehr häufig an das diagnostische Können des praktischen Arztes hohe Anforderungen. Wenn das vorliegende Büchlein auch nicht den Anspruch erhebt, die klinische Erfahrung ersetzen zu wollen, so soll es doch bei der Beurteilung von Erkrankungen des Rachens ein Ratgeber sein und vor allem im Einzelfalle die Orientierung unter Berücksichtigung aller Eventualitäten ermöglichen. Der Bedeutung entsprechend, die der Diphtherie zukommt, nimmt dieser Abschnitt den weitesten Raum ein. Im besonderen wurde dabei den Erörterungen über Diagnose und Differentialdiagnose der Diphtherie besondere Sorgfalt gewidmet. Eine Wiederholung der an dieser Stelle ausführlich dargestellten Erwägungen findet sich in den übrigen Abschnitten in der Regel nicht mehr. Bei jedem Nachschlagen aus diagnostischem Interesse wären daher sowohl unter dem Abschnitt über die vermutete Erkrankung als auch im Kapitel über die Diphtherie die diagnostisch wichtigen Momente nachzulesen. Hinsichtlich der Therapie, der Prophylaxe und der Prognose haben wir es uns angelegen sein lassen, nur tatsächliche persönliche Erfahrungen auszusprechen.

Wien, im Februar 1928.

Die Verfasser.

Inhaltsverzeichnis.

I. Die Diphtherie.

A. Epidemiologische Bemerkungen.

Die Diphtherie oder Bräune ist eine endemisch ausgebreitete Infektionskrankheit, die durch den L ö f f l e r schen D i p h t h e r i e b a z i l l u s hervorgerufen wird. Dieser bewirkt an der Stelle seines Eindringens in den menschlichen Körper die Entstehung einer Entzündung und die Bildung charakteristischer membranöser Beläge; überdies führen die von ihm produzierten Gifte zu Allgemeinerscheinungen, die ebenfalls für die Erkrankung charakteristisch sind.

Die Diphtheriebazillen werden von den an Diphtherie erkrankten Menschen auf die Gegenstände und die Menschen ihrer näheren Umgebung verstreut und können sich in eingetrocknetem Zustande sehr lange, sogar einige Monate lebensfähig, vermehrungsfähig und krankheitserregend erhalten.

Dort, wo sie den menschlichen Körper befallen, also vor allem an der Schleimhaut des Rachens oder der Nase, aber auch an der Bindehaut, in der Scheide, sowie an Wunden nach Verletzungen oder Verbrennungen entsteht ein e n t z ü n d l i c h e s E x s u d a t. Dieses Exsudat gerinnt an der Oberfläche der erkrankten Schleimhaut, wird dadurch verfestigt und stellt sich alsbald als eine feste, zusammenhängende M e m b r a n dar. Unter ihr fehlt wohl das Epithel, aber nur ausnahmsweise kommt es zu tiefergreifenden Zerstörungen in Form von Nekrosen. Gleichzeitig erkranken die regionären L y m p h d r ü s e n in Form einer leicht schmerzhaften entzündlichen Schwellung. Nur bei besonders schweren Infektionen vermögen die Bazillen durch die Schleimhaut in die Tiefe einzudringen, so zum Beispiel bei der fortschreitenden Diphtherie des Kehlkopfes und der Luftröhre sich auch in der Lunge anzusiedeln. In der Regel aber beschränkt sich die Wirkung des Bazillus auf die oberflächliche Schleimhaut. Auf das vom Diphtheriebazillus gebildete Toxin reagiert der Organismus mit der Bildung eines Antitoxins; dieses hindert, wenn es in zureichender Menge vorhanden ist, die weitere Ausbreitung des Prozesses in die Tiefe und seine Ausdehnung über größere Schleimhautpartien. Durch Zuwanderung von Leukozyten zum Krankheitsherde, durch deren Zerfall und durch die Wirkung des proteolytischen Ferments dieser zerfallenen Leukozyten werden die Membranen zunächst aufgelockert und schließlich von der Unterlage abgestoßen. Die vom Epithel entblößten Stellen werden dann mit frischem Epithele überzogen und so hinterläßt der Entzündungsprozeß keine Narben, es sei denn, daß es zur Bildung von Geschwüren gekommen war.

Die im Körper angesiedelten Bazillen produzieren das D i p h t h e r i e t o x i n, das alsbald in die Blut- und Lymphwege übertritt und ·Krankheitserscheinungen bildet, die den ganzen Organismus betreffen: allgemeine Mattigkeit, Fieber, sowie Schädigungen einzelner bevorzugter Organe, als da sind Niere, Herz und Nervensystem. Sie äußern sich in degenerativer Nierenerkrankung (Nephrose), in Zirkulationsschwäche leichteren oder schwereren Grades, ja sogar mit letalem Ausgange, und in peripheren Lähmungen. Auf der Neutralisierung des im Körper kreisenden Toxins v o r s e i n e r B i n d u n g an die Organzellen durch Antitoxin, das im Organismus gebildet oder aber therapeutisch von außen zugeführt wird, beruht die Heilung der Diphtherie.

Die Schwere des Krankheitsprozesses ist wie bei allen durch Bakterien verursachten Erkrankungen durch die Art der Infektion einerseits und durch die Beschaffenheit des Organismus andererseits bedingt. So fallen also Virulenz und Masse der Erreger gleichermaßen ins Gewicht wie die Art und Weise der Reaktion seitens des befallenen Körpers. Und dabei soll auf die bemerkenswerte Tatsache hingewiesen werden, daß sich mitunter eine familiäre Disposition zur Entfaltung schwerer und schwerster Krankheitsbilder beobachten läßt. Hingegen dürfte das Hinzutreten anderer Erreger wie Streptokokken, Staphylokokken, Spirillen, Bazillus fusiformis zur Infektion mit Diphtheriebazillen, also die M i s c h i n f e k t i o n nach unseren Anschauungen und Erfahrungen entgegen den von anderer Seite in letzter Zeit geäußerten Ansichten als bedeutungslos und kaum jemals für die Schwere und Gefährlichkeit eines einzelnen Krankheitsfalles verantwortlich zu bezeichnen sein.

Das gesamte epidemiologische Bild der Diphtherie hat gewiß durch die Einführung (1894) der segensreichen Serumtherapie eine entscheidende Veränderung erfahren. Aber unabhängig davon läßt sich ein ständiger, an keine erkennbare Regel gebundener Wechsel im Charakter der Endemie verfolgen, der manchmal kaum merklich erfolgt, mitunter aber recht plötzlich einsetzt. Das eine Mal ist der „Genius epidemicus" durch das Vorherrschen stenosierender Larynxdiphtherien gekennzeichnet, das andere Mal durch die Häufung maligner Fälle; zu anderen Zeiten durch außerordentlich sporadisches Auftreten der Krankheit überhaupt, dann wieder durch rasche Ausbreitung in einzelnen Städten, ja Ländern, vielleicht Erdteilen. — Ebenso steht es auch mit den Komplikationen: Monatelang treten keine Spätlähmungen auf, dann wieder werden sie nahezu die Regel; desgleichen die Herz-schädigungen oder die Nierenerkrankungen. In einer gewissen Regelmäßigkeit verlaufen hingegen die jahreszeitlichen Veränderungen; so pflegt im Frühjahre und Sommer die Erkrankungs-ziffer zu sinken und in den Herbst- und Wintermonaten anzu-steigen; teils fällt dieser Anstieg zu Lasten des Schulbeginns, teils auch begleitet er anscheinend den schnellen Witterungs- und Temperaturwechsel dieser Periode. Fälle von Krupp (Larynx-diphtherie) häufen sich im Winter; das vermehrte Auftreten maligner Diphtherie wurde des öfteren im Frühsommer beobachtet.

Eine nicht geringe Anzahl aller Menschen besitzt eine ange-borene, natürliche R e s i s t e n z gegenüber der Infektion mit Di-phtheriebazillen und bleibt zeit ihres Lebens von dieser Erkrankung frei. Somit können Erwachsene, auch wenn sie noch keine Di-phtherie überstanden haben, mit größter Wahrscheinlichkeit als unempfänglich angesehen werden. Ihre größte Häufigkeit über-haupt und bei den malignen Formen weist die Diphtherie in den Kreisen der ärmeren Bevölkerungsschichten auf; mag dies auf die schlechteren Wohnverhältnisse und somit auf die größere Exposition zurückgeführt werden oder auf eine durch unhygienische Lebensweise und mangelhafte Ernährung bedingte erhöhte D i s p o s i t i o n (Krankheitsbereitschaft) — jedenfalls kann eine soziale Disposition auch bei dieser Seuche verzeichnet werden.

Das bedeutsamste dispositionelle Moment stellt das A l t e r dar. Neugeborene sind fast mit Sicherheit gegen Diphtherie immun, wurden doch bei einem sehr hohen Prozentsatze der Neugeborenen Schutzkörper in ihrem Blute nachgewiesen. In der Säuglingszeit etwa vom achten Monat ab, wird die Krankheit schon nicht selten beobachtet; in diesem Alter befällt sie fast immer die Nasen-schleimhaut. Ihre größte Häufigkeit zeigt die Diphtherie bei Kin-dern von zwei bis fünf Jahren, also im vorschulpflichtigen Alter. Dann beginnt die Disposition zu sinken; nach dem achten Lebens-jahre sieht man die Krankheit schon recht selten und nach dem fünfzehnten Jahre kommt sie nur mehr ausnahmsweise vor. Der

Prozentsatz der Schutzkörper besitzenden 18jährigen Menschen ist bereits wieder so groß wie der der Neugeborenen. Die Diphtherie ist also eine echte Kinderkrankheit; wer ihr als Kind entgeht, bleibt von ihr auch späterhin meistens verschont. Auch die maligne Diphtherie ist an eine bestimmte Altersstufe gebunden: Sie tritt selten vor dem vierten und kaum einmal nach dem achten Lebensjahre auf. Die Disposition des Einzelnen kann allerdings wechseln, wenn dieser Wechsel auch nicht allzu häufig ist. Somit können Kinder, die einmal der Infektion ausgesetzt waren, ohne zu erkranken, ein andermal doch infiziert werden, eine Tatsache, die durch Prüfung des Blutes auf Gehalt an Antikörpern wohl bestätigt, aber nicht erklärt wurde. Im allgemeinen muß man aber den Immunitätswechsel doch als eine Seltenheit bezeichnen.

Die Morbidität an Diphtherie ist eine solche, daß man ihr Auftreten als endemisch ansehen muß.

Die Sterblichkeit unterliegt einerseits den durch den Genius epidemicus bewirkten Schwankungen, vor allem aber wurde sie durch die Einführung der Serumtherapie entscheidend beeinflußt. Während früher etwa 50% aller Diphtheriekranken starben, lauten seither die Angaben über die Mortalität wesentlich günstiger. Es gibt Zeiten, in denen die Sterblichkeitsziffer nur 5% beträgt, mitunter steigt sie auf 12%; neuerdings werden von Stellen, die über viele maligne Fälle berichten müssen, allerdings höhere Ziffern, 20 bis 25% angegeben. Doch muß man trotzdem daran festhalten, daß sich die Jetztzeit von der Vorserumzeit in unvergleichlicherweise unterscheidet. Allerdings hat uns das Diphtherieserum nicht zu vollkommenen Beherrschern der Seuche gemacht: Es versagt begreiflicherweise, wenn es nicht zeitgerecht oder nur in unzureichender Menge angewendet wird; es gibt aber auch Fälle, wo es trotz kunstgerechter Verabreichung unwirksam bleibt, das sind die malignen Formen.

Die Infektion erfolgt fast ausschließlich von Mensch zu Mensch, indem der Kranke bei Husten, Niesen, Sprechen oder stärkerer Atmung zugleich mit feinsten Speichelpartikelchen Diphtheriebazillen verstreut, ein Vorgang, den man als Tröpfcheninfektion von anderen Krankheiten her kennt. So muß also die Umgebung des Kranken, die vor einer Infektion bewahrt bleiben soll, nicht nur den näheren Kontakt mit dem Kranken, sondern auch das Betreten seines Aufenthaltsraumes vermeiden. Bei der Suche nach der Quelle einer Infektion soll wohl auch der Möglichkeit Rechnung getragen werden, daß die Bazillen an leblosen Gegenständen, wie Gebrauchsgegenständen, Spielsachen oder Nahrungsmitteln haften können. — Nicht nur der akut an Diphtherie Erkrankte beherbergt in seinem Rachen oder seiner Nase Diphtheriebazillen. Auch in der Rekonvaleszenz, wenn durch die Zufuhr oder Bildung von Antitoxinen die Krankheit niedergerungen wurde, scheiden solche Menschen noch Bazillen aus. Erst etwa drei Wochen nach dem Krankheitsbeginne sind die meisten Rekonvaleszenten bazillenfrei. Es wurden allerdings auch Fälle beobachtet, wo noch viele Wochen, ja monatelang Diphtheriebazillen ausgeschieden wurden; die längste Beobachtungszeit beträgt neun Monate. Außerdem gibt es auch Menschen, die einmal durch Kontakt mit einem Diphtheriekranken Bazillen auf ihre Schleimhäute aufgenommen haben, ohne selbst zu erkranken; diese gesunden „Bazillenträger“, deren Zahl gar nicht so gering ist, stellen eine häufige Infektionsquelle dar.

Die Inkubationszeit der Diphtherie beträgt drei bis sieben Tage; eine längere wurde bisher nicht beobachtet. In der Regel währt sie nur fünf Tage.

Das Überstehen der Krankheit macht den Menschen fast immer dauernd immun gegen Diphtherie. Doch kann es infolge Verluste der Antikörper ausnahmsweise auch zu Neuerkrankungen kommen. Rezidiven können schon nach recht kurzer Zeit, mitunter schon nach sechs bis acht Wochen, auftreten und sich im Laufe des Lebens sogar mehrmals wiederholen.

B. Das klinische Bild der Diphtherie.

Der Arzt kommt selten in die Lage, eine Diphtherie vom Anfang an zu beobachten. Denn der Beginn der Erkrankung macht sich durch keinerlei stürmische, akute Erscheinungen bemerkbar, sondern erfolgt schleichend und symptomenarm. Die Allgemeinbeschwerden sind gering und sehr unbestimmter Natur; sie bestehen lediglich in Kopfschmerzen und leichter Mattigkeit. Auch die Temperatur erhebt sich wenig über die Norm, selten tritt Fieber zwischen 38° und 39° auf; nur ganz ausnahmsweise wird Schüttelfrost oder Erbrechen beobachtet.

1. Die rein fibrinöse Rachendiphtherie.

Im Rachen und beim Schluckakte werden geringe Schmerzen angegeben, die jedoch an Intensität weit hinter den bei lakunären oder bei Scharlachanginen empfundenen Schmerzen zurückbleiben. Schreitet der Arzt zur Inspektion der Mundhöhle, so sieht er eine vollkommen blasse Schleimhaut der Wangen und des Gaumens, ohne die Spur eines Enanthems. Die Zunge ist trocken, gar nicht oder nur mäßig belegt. Ein übler Mundgeruch besteht am ersten Krankheitstage nicht, es sei denn, daß es sich um eine schwerere oder um eine Mischform der Diphtherie handelt. Die Schleimhaut der Gaumenbögen ist wohl gerötet, aber nur leicht; die entzündliche Reaktion ist also gering. Die Tonsillen jedoch sind geschwollen und deutlich gerötet. Der Belag weist zu dieser Zeit selbst in typischen Fällen — und ein solcher typischer Fall wird ja hier beschrieben — noch wenig Charakteristisches auf. Man sieht auf beiden Tonsillen, manchmal vorläufig nur auf einer, je zwei bis drei linsengroße hellweiße Auflagerungen. Diese entsprechen nicht der Mündung einer Lakune und sind auch größer als einzelne follikuläre Beläge. In ihrer Umgebung sieht man manchmal noch einzelne kleinere Auflagerungen, auch in Streifenform. Die Beläge haften nicht sehr fest; versucht man jedoch einen zur Untersuchung abgenommenen Teil auf dem Objektträger zu verreiben, dann zeigt sich ihre feste, derbe Konsistenz. In diesem Stadium vermag nur der Geübte die Krankheit zu erkennen; der minder Erfahrene wird aber auf ein Symptom achten, das nicht lange auf sich warten läßt: Die M e m b r a n e n zeigen ein sehr s c h n e l l e s W a c h s t u m, so daß die Wiederholung der Racheninspektion am zweiten Krankheitstage — bei jeder Halskrankheit muß der Arzt, um vor Überraschungen gefeit zu sein, durch wenigstens zwei oder drei Tage, auch bei vermeintlich sicherer Diagnose, täglich den Rachen ansehen — ein wesentlich kennzeichnenderes Bild liefern wird. Vorläufig können noch einige andere Symptome registriert werden. Die Lymphdrüsen unter dem Kieferwinkel und unter dem Kieferaste sind vergrößert und druckempfindlich. Die Sprache ist ein wenig verändert, hat etwas gaumigen Charakter. Manchmal ist auch die Atmung schnarchend, da sie durch die Vergrößerung der Tonsillen erschwert wird. Das Aussehen des Kranken ist blaß, die Augen sind mitunter haloniert. Es besteht nur geringe Eßlust, der Stuhl ist angehalten. Die Temperatur bleibt in den angegebenen Grenzen um 38°, selten nähert sie sich an 39°. Im Harne findet man kein Eiweiß, keine Nierenelemente.

Nach einigen Stunden oder am folgenden (dritten) Tage haben wir nun ein typisches Rachenbild vor uns: G r ö ß e r e A n t e i l e d e r hyperämischen T o n s i l l e n sind von einem glattanliegenden, das Schleimhautniveau kaum überragenden sichtlich festhaftenden r e i n w e i ß e n B e l a g e überzogen. Das ist die fibrinöse Diphtheriemembran. Die Umgebung der Tonsillen zeigt keine stärkere entzündliche Reaktion.

Würde nun diese Erkrankung sich selbst überlassen, so könnte sie in leichtesten Fällen vielleicht auch einmal spontan ausheilen; die Regel ist das nicht. Im Gegenteil: es pflegen sich die Beläge auf die Nachbarschaft, also auf die Gaumenbogen, die Uvula und die hintere Rachenwand auszubreiten. Ein solches Bild bietet sich ihm dar, wenn der Arzt an einem späteren Krankheitstage zum Kranken kommt. Ist die Abwehrkraft des Organismus gering, dann kann die Membranbildung auf den Kehlkopf übergreifen und zu Stenosen mit allen ihren Folgen führen. Oder es kann trotz lokaler Abheilung zu den Spätwirkungen des Diphtherietoxins kommen.

Anders ist der Verlauf, wenn nun die entsprechende Dosis Heilserum injiziert wird. Innerhalb der nächsten 24 Stunden kommt die Wirkung dieser Maßnahme noch nicht zum Ausdrucke. Trotz Seruminjektion breiten sich die Beläge noch weiter auf die Umgebung aus, überschreiten die Grenzen der Tonsillen, können sich noch auf die Uvula oder die Gaumenbogen erstrecken. Auch das allgemeine Krankheitsbild ändert sich noch nicht. Aber n a c h 24 b i s s p ä t e s t e n s 36 S t u n d e n wird die S e r u m w i r - k u n g bereits deutlich. Die Schleimhaut am Rande der Beläge zeigt einen dunkelroten Grenzstreifen: das ist das Merkmal für den Stillstand des Krankheitsprozesses. Die Beläge werden alsbald dünner, heben sich am Rande von der Unterlage ab, sie „krempeln sich auf"; an manchen Stellen sieht man bereits die Schleimhaut durchscheinen. Von Tag zu Tag schreitet die E i n s c h m e l - z u n g d e r M e m b r a n e n fort; man sieht bald nur mehr Reste in Form von Streifen, die die Nischen der Tonsillen ausfüllen. Auch diese werden abgestoßen und die noch etwas gerötete Schleimhaut ist die letzte Erinnerung an den abgelaufenen Prozeß. Manchmal halten sich kleine Belaginseln noch recht lange Zeit; manchmal kommt es auch zur Bildung seichter Geschwürchen, die mit blaßgelben, von glänzender Schleimhaut überzogenen Narben ausheilen. Auch der Allgemeinzustand bessert sich am Tage nach der Seruminjektion, das Fieber sinkt rasch zur Norm und der Appetit kehrt wieder. So fühlt sich der Kranke am vierten bis fünften Tage seiner Krankheit bereits wieder fast gesund. Nun gehen auch die Drüsenschwellungen zurück. Nach zehn bis vierzehn Tagen sind die Kranken geheilt.

Die Beläge können aber ihren Ausgang statt von den Gaumentonsillen auch von einer anderen Stelle des Rachens nehmen: von der Rachentonsille. Dann sind sie der Inspektion zunächst nicht zugänglich. Erst wenn der Belag auf die hintere Uvulafläche übergegriffen hat, kann man seinen Rand bei genauem Zusehen am Übergange der hinteren in die seitliche Uvulafläche wahrnehmen. Oder es kann auch die hintere Rachenwand die erste Lokalisation der Diphtherie darstellen.

Die geschilderte rein fibrinöse Form der Diphtherie ist dadurch gekennzeichnet, daß sie auf die Serumbehandlung gut anspricht. Die schweren Formen der Diphtherie mit starker Toxinwirkung sind auch morphologisch anders geartet. Allerdings fehlen auch bei der rein fibrinösen Diphtherie die Spätschädigungen durch Toxine nicht. Wesentlich charakteristischer für die fibrinöse Form der Diphtherie ist aber ihre Neigung zum Übergreifen auf den Larynx und die Trachea.

2. Die Diphtherie des Kehlkopfes (Krupp).

Wenn die Kehlkopfdiphtherie von einer Rachendiphtherie eingeleitet wird, dann dauert es meistens etwa fünf Tage, bis sich die ersten Erscheinungen seitens des Larynx einstellen. Häufig kommt es vor, daß zu dieser Zeit die Rachendiphtherie schon in voller Spontanheilung ist. Dann sieht man nur mehr Belagreste in Form von kleinen Inseln oder Streifen auf den Tonsillen, die durchaus den Eindruck einer lakunären Angina machen können. Manchmal ist auch der Rand des Kehldeckels von einem fibrinösen Belage bedeckt. Es kann aber auch der ganze Rachen vollkommen frei von allen Krankheitserscheinungen sein, so daß nicht mehr zu entscheiden ist, ob wir es mit einer primären Lokalisation der Diphtherie im Kehlkopfe oder mit einer vom Rachen abgestiegenen Diphtherie zu tun haben, eine Frage, die im übrigen praktisch ohne Belang ist. Eine andere Form des Beginnes der Kehlkopfdiphtherie ist der Ausgang von einer Nasendiphtherie. In diesen Fällen pflegt der Rachen von den Bazillen „übersprungen" zu werden; wir finden dann neben den Symptomen der beginnenden Kehlkopfdiphtherie den charakteristischen blutig-serösen, schokoladefarbigen Nasenfluß und die Ekzematisierung des Naseneinganges. Bei Vornahme einer Rhinoskopia posterior würde man meistens im Nasopharynx Membranen sehen. Beides, die auf Diphtherie verdächtige Rhinitis oder kleinste Belagreste im Rachen, sind von eminenter Wichtigkeit für die Diagnose einer diphtherischen Larynxstenose.

Die ersten S y m p t o m e einer primären Kehlkopfdiphtherie sind die dürftigen Allgemeinerscheinungen und das geringe Fieber, die jede Form der Diphtherie einleiten. Ohne daß Halsschmerzen bestünden, hat die S t i m m e ihren vollen Klang verloren, ist leicht umflort. Es besteht stärkerer Hustenreiz und dieser H u s t e n k l i n g t h e i s e r, „laryngeal", ist trocken und erinnert tatsächlich an das Bellen eines heiseren Hundes. Die Erscheinungen bilden sich rasch, in wenigen Stunden, in einem halben Tage zu klassischen Kruppsymptomen aus. Die Heiserkeit steigert sich in dem Maße, daß die Stimme vollkommen tonlos wird und diese A p h o n i e auch durch den Versuch, laut zu sprechen oder zu schreien, nicht überwunden werden kann: die Stimmbänder sind von Membranen überzogen. Auch der Husten wird immer heiserer, schwächer vernehmbar und schließlich vollkommen tonlos. Als drittes kardinales Symptom beobachten wir nun eine ständig und gleichmäßig zunehmende E r s c h w e r u n g d e r A t m u n g. Das Inspirium erfolgt etwas keuchend, allmählich hört man bei jeder Einatmung einen mit deutlicher Anstrengung ausgeführten stöhnenden Laut, den inspiratorischen Stridor. Die Verengerung der Atemwege veranlaßt das Einsetzen der auxiliären Atemmuskeln. Bei jeder Einatmung wird der Brustkorb nach Möglichkeit gedehnt; doch der stärksten Saugwirkung gelingt es nicht mehr, den ganzen verfügbaren Raum mit Luft zu erfüllen; das Thoraxskelett ist maximal erweitert, die Weichteile werden von dem luftarmen Brustraum angesogen. So kommt es zu den i n s p i r a t o r i s c h e n E i n z i e h u n g e n im Jugulum und in den Fossae supraclaviculares, sowie der Rippenbogen und vor allem der Muskulatur im Bereiche des unteren Sternalendes. Die Atmung ist verlangsamt. Unter starker Anspannung der Kräfte und der Aufmerksamkeit gelingt es noch, den Lufthunger zu stillen. Schläft das Kind ein, dann arbeiten die Auxiliärmuskeln schlechter, die Atemnot steigt. Deshalb ist auch beim echten diphtherischen Krupp die Atemnot in der Nacht etwas stärker als bei Tag. Doch gibt es kein freies Intervall; die Dyspnoe nimmt zu. Der Gesichtsausdruck wird ängstlich, der Kranke wird unruhig, er wechselt ständig seine Lage im Bette, bald wirft er sich auf die Seite, bald setzt er sich auf, er bewegt ziellos die Arme, er springt im Bette auf, er blickt ruhelos umher. Noch gelingt es, durch Ablenkung mittels Spielsachen und Erzählens, auch durch Umhertragen des Kindes die Atemnot zu lindern; doch vermeidet der Kranke bereits alles, was sie nur ein wenig verstärken könnte. So verweigert er alsbald die Nahrungsaufnahme; denn jeder Schluckakt erschwert die Einatmung. Ebenso findet er keinen Schlaf mehr. . Jeder Hustenstoß erhöht die Dyspnoe, es sei denn, daß Membranen ausgehustet werden, was aber in diesem Stadium der Krankheit kaum denkbar ist. Noch hat das Gesicht eine blaßrote Farbe. Die physikalische Untersuchung der Lunge läßt die pfeifende Stenosenatmung vernehmen; die Perkussion ergibt Tiefstand der Zwerchfellgrenzen und Schachtelton der maximal geblähten Lunge. Die Ängstlichkeit und Unruhe nimmt zu, rastlos jagt eine Bewegung die andere, hilflose Verzweiflung spricht aus den Blicken des Patienten. Die Atmung wird beschleunigt. Der Sauerstoffmangel nimmt höhere Grade an, die Haut und Schleimhaut färbt sich bläulich, die Zyanose wird immer ausgesprochener, um aber schließlich einer fahlen Blässe zu weichen. Das Stadium der Zyanose kann auch fehlen und ohne Übergang die Farblosigkeit der Haut auftreten. Die inspiratorischen Einziehungen erreichen den höchsten Grad. Und plötzlich wird das geplagte, erschöpfte, blaßzyanotische Kind vollkommen ruhig, sinkt im Bette zusammen, die Atmung steht still, das Herz schlägt noch einige Zeit weiter und der Erstickungstod beendet den qualvollen Kampf.

Der Beginn kann auch ein wenig abweichend verlaufen. Wenn durch Zufall die Simmbänder frei von Belägen bleiben, dann wird die heisere Stimme nie gänzlich aphonisch und trotzdem bildet sich die Stenose in den übrigen Anteilen aus. Auch ist es möglich und gar nicht so selten, daß Aphonie besteht und kruppaler Husten, doch keine bemerkenswerte Atembehinderung. Und plötzlich setzt ein schwerster Erstickungsanfall ein, hervorgerufen durch eine flottierende, nur zum Teile festhaftende Membran. Wird sie nicht ausgehustet oder kommt die Hilfe nicht durch einen operativen Eingriff, die Intubation oder die Tracheotomie, dann führt dieser erste, gänzlich unerwartete Erstickungsanfall zum Tode. Bei Säuglingen, bei Masernkranken im postexanthematischen Stadium und bei Erwachsenen steigen die Membranen besonders rasch in die Trachea und die Verzweigungen des Bronchialbaumes hinab. In solchen Fällen nimmt die Atemnot sehr rasch zu, es setzt sehr frühzeitig die Zyanose ein, der Stridor nimmt in- und exspiratorischen Charakter an und das Fortschreiten des Prozesses ist besonders beschleunigt.

Auch beim Krupp feiert die Serumtherapie Triumphe. Da jedoch die Wirkung des Serums auf die weitere Membranbildung erst nach (12 bis) 24 Stunden erfolgt, ist bei einem so rasch und bedrohlich verlaufenden Prozesse alles von der frühzeitigen Erkennung der Krankheit abhängig. Oft muß die Serumtherapie durch die operative Therapie ergänzt werden, um so mehr als die Atemnot eine schwere Belastung für das Herz darstellt. Kommt das Serum zur Wirkung, dann werden die Membranen verflüssigt und können ausgehustet werden. Doch nehmen sie in dieser Form als schlammiger Belag mehr Raum ein als zuvor die festhaftenden fibrinösen Häute; und darum gilt dieses Stadium der Membranlösung, das 12 bis 24 Stunden nach der Seruminjektion einsetzt, auch dann als kritisch, wenn die Stenosenerscheinungen zuvor noch nicht hochgradig waren.

Nicht selten wird auch der nicht operativ behandelte Krupp vor allem im Säuglingsalter durch Lobulärpneumonien kompliziert, die die Prognose verschlimmern.

Ist die Stenose überwunden und keine Pneumonie hinzugetreten, dann verläuft die Rekonvaleszenz des Krupps in der Regel glatt. Nur sehr selten sehen wir Spätlähmungen oder Herztod. Begreiflich, da die ganz schweren Larynxdiphtherien infolge ihrer furchtbaren örtlichen Wirkungen den Kranken jenes Stadium der Spätfolgen nicht erleben lassen.

3. Die Mischform von Rachendiphtherie mit Anginen.

Nicht immer ist der Belag rein fibrinös, also weißglänzend oder mattgrau, festhaftend. Häufig sind die geschwollenen und stärker geröteten Tonsillen im Stadium der Belagbildung von gelblichen, dicken, scheinbar nicht sehr fest haftenden, anfangs noch nicht zusammenhängenden Auflagerungen überzogen. Der Prozeß kann anfangs nur auf einer Tonsille lokalisiert sein, dann erst wird auch die zweite befallen. Die Membranen sind nicht an die Lakunen gebunden und in wenigen Stunden sind sie auf beiden Tonsillen vollkommen konfluiert. Es besteht ein etwas dickerer Zungenbelag und merklicher, wenn auch nicht allzu übler Mundgeruch. Die Lymphdrüsen am Kieferwinkel sind geschwollen, leicht schmerzhaft. Der Schluckschmerz ist gering, die Stimme etwas klobig; Atembehinderung besteht nicht. Das Fieber hält sich in mäßiger Höhe, übersteigt selten 39°, ist aber doch höher als bei der rein fibrinösen Form der Diphtherie. Es besteht häufiger eine Eiweißausscheidung im Harne. Die Allgemeinerscheinungen sind nicht anders, als bei der fibrinösen Form. Beim Versuche, den Belag abzuziehen, zeigt sich, daß er doch recht fest haftet und auf dem Objektträger schwer zu verreiben ist. Im Ausstrichpräparate sind die Diphtheriebazillen spärlicher zu finden als Staphylo- und Streptokokken neben der übrigen

Mundflora. Die Beteiligung dieser Kokken gibt dem Belage ein anderes Bild, das dem einer konfluierten lakunären Angina nicht unähnlich ist; doch weist schon die derbere Konsistenz und die hellere Farbe, vor allem am Rande, sowie der Glanz, wenn er auch matter ist als bei der reinen Diphtherie, auf die Beteiligung der Diphtheriebazillen hin. Es ist gerade ein für diese Diphtherieform charakteristischer Vorgang, daß nach vorübergehender stellenweiser Abheilung immer wieder neue Beläge auf den Tonsillen auftreten; sie behalten die streng tonsilläre Lokalisation bei; vor allem sind sie durch das Ausbleiben der gänzlichen Abstoßung trotz der kurzdauernden partiellen Abheilung als Diphtherie zu erkennen. Die Ausbreitung der Membranen kann aber auch ü b e r d i e G r e n z e n d e r T o n s i l l e n h i n a u s erfolgen; damit fällt auch jeder Gedanke an eine konfluierte lakunäre Angina. Die Beläge erstrecken sich auch auf die Uvula, die Gaumenbogen und selbst den weichen Gaumen, sehen in dieser großen Ausdehnung etwas sulzig aus und ihre Ränder sind dick. Die Schleimhaut der Nachbarschaft zeigt deutliche entzündliche Reaktion, sie ist ödematös. So erscheint die Uvula recht dick und wulstig. Die Sprache ist stärker verändert und es kann ein pharyngealer Stridor auftreten, eine Atembehinderung leichten Grades, die man sich sofort erklären kann, wenn man sieht, wie der Atemweg durch die entzündeten, geschwollenen und belegten Rachengebilde verengt ist. Erfolgt rechtzeitig die Injektion einer entsprechenden Serumdosis, dann stehen nach etwa 24 Stunden die Membranen in ihrer Ausbreitung still. Im Laufe der folgenden Tage beginnen sie in ähnlicher Weise wie bei der fibrinösen Form zu erweichen, sich aufzukrempeln, sich zu lockern, sich zu verdünnen und sich in einzelnen Anteilen und schließlich zur Gänze abzustoßen. Das Fieber sinkt, die Albuminurie schwindet; der Allgemeinzustand bessert sich und die Heilung verläuft zunächst weiterhin glatt, ohne daß sich auch hier eine sichere Voraussage bezüglich des Auftretens von Spätlähmungen oder von Herzschwäche stellen ließe. Unterbleibt die Seruminjektion, so kann diese Form der Diphtherie eher heilen als die rein fibrinöse.

In schweren Fällen aber schreitet die Membranbildung weiter. Der dickbelegte ödematöse weiche Gaumen und die Uvula sind beim Sprechen und Schlucken kaum beweglich, die Sprache wird nasal, beim Essen und Trinken regurgitiert ein Teil des Genossenen durch die Nase; das Schlucken ist sehr schmerzhaft; der Fötor nimmt zu. Die Lymphdrüsen am Halse schwellen stärker an. Das Fieber steigt zunächst noch hoch an, um jedoch bald,

ohne daß sich der Lokalbefund gebessert hätte, zur Norm, ja
unter die Norm abzusinken. Im Harne finden sich Eiweiß und
Nierenelemente, vor allem hyaline Zylinder und Leukozyten,
wenig Erythrozyten. Unter starker Toxinbildung nimmt der Prozeß seinen weiteren Verlauf, der dem der malignen Diphtherie
entspricht. Kaum jemals aber, und das sei als besonders bezeichnend hervorgehoben, greifen diese Formen der Diphtherie auf
den Kehlkopf und die Luftröhre über. Und wenn wir auch der
Beimengung von anderen Erregern zur Diphtherie keinerlei pro-
gnostische Bedeutung zusprechen, so mußten wir doch die Mischform wegen ihres besonderen klinischen Bildes, das wegen seiner
diagnostischen Bedeutung vor allem hervorgehoben zu werden
verdient, und wegen ihrer immer supralaryngealen Lokalisation
eigens charakterisieren.

4. Die maligne Diphtherie.

Läßt einen der Anblick und das Allgemeinbefinden eines
Diphtheriekranken, der von einer der bisher geschilderten Formen
der Krankheit befallen wurde, oft nicht ahnen, ein wie ausgedehnter und progredienter Prozeß sich im Rachen abspielt, so haben
wir bei der malignen Diphtherie gleich vom Anfange an ein
schweres Krankheitsbild vor Augen.. Tiefe Blässe des Gesichtes,
oft eine fahle Farbe und große Mattigkeit kennzeichnen schon
im Beginne den Ausbruch einer ernsten Krankheit. Mitunter beginnt die maligne Diphtherie ganz stürmisch mit hohem Fieber
und Kopfschmerzen, auch Erbrechen und Leibschmerzen, meistens
jedoch nur mit den auffallenden Zeichen eines starken Krank-
heitsgefühles. Neben der schweren Müdigkeit und dem fahlen
Hautkolorit erscheint als wichtiges Symptom eine i n t e n s i v e
S c h w e l l u n g d e r H a l s l y m p h d r ü s e n auf einer oder auf
beiden Seiten, die noch vergrößert wird durch die Bildung eines
teigigen Ödems um die Lymphdrüsenentzündung herum. Dieses
periglanduläre Ödem erreicht leicht das Niveau der Wangen und
erstreckt sich weit nach abwärts gegen die Schlüsselbeine zu.
Der Mund wird leicht geöffnet gehalten, denn die Nasenatmung
ist behindert. Dünnseröses blutig tingiertes Sekret entströmt reichlich den Nasenlöchern, der Eingang ist verkrustet, die Haut der
Umgebung mazeriert, wund. Die Lippen sind trocken, rissig,
manchmal von Krusten bedeckt. Aus dem Munde kommt ein
weithin wahrnehmbarer widerlicher, süßlich-fader Geruch, der
einen bei der Annäherung an das Gesicht des Kranken abstößt.

Die Sprache ist klobig, die Mundöffnung erschwert. Der R a c h e n bietet einen bestürzenden Anblick dar. Seine Gebilde sind stark geschwollen und verengen den Eingang zum Kehlkopf; manchmal ist eine Seite stärker betroffen und es wölbt sich das peritonsilläre Gewebe vor, als wäre dort ein Tonsillarabszeß. Und diese ganze Gegend, so weit sie zu überblicken ist, also der sichtbare Teil der Pharynxhinterwand, die Tonsillen, die zwischen ihnen regelrecht eingezwängte Uvula, der weiche Gaumen, ja oft auch ein Teil des harten Gaumens, sind austapeziert mit mißfärbigen gelben, oft graugrünlichen, ja schwärzlichen, dicken, sulzigen Belägen, die nicht derbfibrinös, sondern schmierig weich erscheinen. Die Zunge ist dick belegt. So das ausgeprägte Bild, wie es sich oft schon am zweiten Krankheitstage findet.

In früheren Stadien, das heißt am ersten Tage, ist lediglich die Ausdehnung und die Schwellung geringer, die Charaktere der Beläge sind schon auch kenntlich. Dazu kommt hohes Fieber, große Müdigkeit mit Schlafsucht, jedoch freies Sensorium. Der Puls ist beschleunigt, aber kräftig; der Befund an den inneren Organen ohne Besonderheit. Im Harne allerdings findet sich regelmäßig hoher Eiweißgehalt, im Sediment sind Leukozyten und Zylinder.

In seltenen Fällen schließt sich nun in unaufhaltsamer Progredienz ein rascher Ablauf an. Am dritten Krankheitstage bereits stellt sich tiefe Entkräftung und schwere Apathie ein, jedoch ohne Trübung des Sensoriums. Die Temperatur sinkt unter 38°. Das Gesicht ist wachsbleich und erscheint etwas gedunsen. Aus der Nase entleert sich ein profuses blutigseröses oder auch eitriges Sekret, die Ekzematisierung der Oberlippe ist stärker geworden. Die rissigen Lippen tragen gelbliche Borken und Blutkrusten. Die Rachenbeläge zerfallen zu einer schmierigen, blutigen, geradezu jauchig-stinkenden Masse, sie beengen die Atmung. Die Haut zeigt häufig kleinere und größere Blutungen, vor allem an Stellen, wo durch Druck oder Injektion Traumen gesetzt wurden. Alsbald treten die Zeichen akuter Herzschwäche auf: kleiner, unregelmäßiger, manchmal fliegender, manchmal hochgradig verlangsamter Puls, der ganz leicht unterdrückbar ist; Verbreiterung der Herzdämpfung nach beiden Seiten, vor allem nach rechts über den rechten Sternalrand; müde, leise Herztöne, oft auch systolische Geräusche als Ausdruck der relativen Insuffizienz. Jede Nahrungsaufnahme wird verweigert, doch kommt es häufig zu erschöpfendem Erbrechen. Kein Gegengift, keinerlei Herzmittel vermögen den Prozeß zu hemmen und bei andauernd freiem Sensorium erfolgt am vierten oder fünften Tage der Tod an Herzschwäche. Dies die zum Glück seltene Form der Diphtheria gravissima.

In der Regel nimmt die maligne Diphtherie einen mehr protrahierten Verlauf. Die Belagausbreitung kommt zum Stillstande. Allmählich lockern sich die Membranen und hängen in Fetzen an der Schleimhaut. In diesem Zeitpunkte, zwischen dem vierten und sechsten Krankheitstage, kommt es leicht zu starken, auch langdauernden Blutungen aus der Nase, vermutlich infolge Ablösung der Beläge in der Nasenhöhle. Auch die Rachenbeläge werden blutig durchtränkt und sehen schwärzlich wie nekrotisch aus. Der Rachen beginnt sich zu reinigen, das Fieber sinkt, der Puls ist gut: Die Umgebung des Kranken schöpft neue Hoffnung. Dem erfahrenen Arzte entgeht aber nicht der Umstand, daß trotzdem der Allgemeinzustand keine Veränderung zum Guten aufweist. Die Nasensekretion wird geringer, die Atmung wird freier, die Drüsenschwellungen gehen zurück, der üble Mundgeruch schwindet. Der Rachen ist belagfrei, nur die Hyperämie und seichte Geschwüre geben Kunde, wie ausgedehnt die Membranen waren. Und doch scheint sich der Kranke nicht recht zu erholen. Im Gegenteil: Es stellen sich Krankheitserscheinungen anderer Art ein. Mitunter treten kleine Hautblutungen, auch Darmblutungen auf, täglich neue. Die Blässe nimmt zu. An Stelle des Fiebers kommt es zur Untertemperatur, die Extremitäten sind kühl und feucht. Der Puls wird weich, seine Frequenz nimmt ab, sinkt auf 70, 60 und weniger Schläge in der Minute ab. Der Blutdruck erreicht ebenfalls ungewohnt tiefe Werte (90 bis 60 Millimeter nach Riva-Rocci). Am Herzen perkutiert man deutliche Dilatation nach beiden Seiten, die Töne klingen dumpf, oft sind sie in der Systole von Geräuschen verdrängt. Die Leber ist als vergrößert tastbar. Die Sehnenreflexe sind kaum auslösbar, sie schwinden oft ganz. Und auch das Gaumensegel wird gelähmt, erkennbar an der nasalen Sprache und dem Nahrungsrückfluß aus der Nase. So haben wir am Beginne der zweiten Krankheitswoche einen hochgradig abgemagerten Patienten vor uns, der teilnahmslos aber bei vollem Bewußtsein im Bette liegt und wenig Nahrung zu sich nimmt. Die Gesichtszüge sind welk, ausdruckslos. Einige Tage bleibt das Bild im Gleichen, auch die Herztätigkeit ändert sich wenig, Blutdruck und Pulsfrequenz schwanken um geringe Werte, doch mit der Tendenz zu sinken. Eigenartige Vorboten künden die bevorstehende Katastrophe an. Der Kranke klagt über intermittierende starke Leibschmerzen, meistens in der

Magengegend; zudem stellt sich Brechreiz ein; der Kranke beginnt
zu erbrechen, ohne Zusammenhang mit der Nahrungsaufnahme,
oft ohne daß er etwas zu sich genommen hätte. Der Puls wird
immer weicher, schließlich kaum fühlbar. Die Haut scheint vollkommen blutleer, leichenblaß und kalt. Immer noch ist das Sensorium frei. Viele Stunden können so in ständiger Nähe des Todes
vergehen; der Tod kann aber auch bei einer kleinen Arbeits-
leistung, wie Stuhlabsetzen oder Nahrungsaufnahme, eintreten,
meistens im Verlaufe der zweiten Woche. Jeder Tag, den der
Kranke erlebt, entfernt ihn von der Gefahr und es steigt die Wahrscheinlichkeit der Rettung. Doch auch dann drohen noch die Spätfolgen der Toxinwirkung am Herzen und an den peripheren
Nerven.

Mit keinem Worte haben wir bisher der Serumtherapie bei
maligner Diphtherie Erwähnung getan. Mußten wir uns doch
gleich zahlreichen anderen Autoren immer wieder und im letzten
Jahre an den gehäuft aufgetretenen derartigen Fällen mit ein-
drucksvoller Resignation überzeugen, daß ohne Seruminjektion
oder nach einer Injektion von selbst gigantischen Dosen, ohne Anwendung von Herzmitteln und auch bei ununterbrochener, Tag
und Nacht durch Wochen vorgenommener Einverleibung von Car-
diacis aller Angriffspunkte und aller Wirkungsformen die Krankheit durch unsere ärztliche Tätigkeit keine Wendung in ihrem
Verlaufe nahm. Gewiß kommt hie und da auch ein solcher Kranker mit dem Leben davon. Das kann aber das ehrliche Eingeständ-
nis unserer Machtlosigkeit nicht beeinträchtigen. Jene Kranken,
die nach maligner Diphtherie genesen — meistens befällt sie Kinder zwischen vier und acht Jahren — sind mit ihrem geschwäch-
ten Kreislaufapparat (Degeneration des Herzmuskels, Schädigung
des Reizleitungssystems und des Nervus vagus) noch lange Zeit
nicht voll leistungsfähig und durch einige Jahre schonungsbe-
dürftig.

5. Die Nasendiphtherie.

Säuglinge, die mit Diphtheriebazillen infiziert werden, werden meistens nicht im Rachen von der Krankheit befallen, sondern
in der Nase und so ist die Nasendiphtherie die typische D i -
p h t h e r i e f o r m d e s S ä u g l i n g s a l t e r s. Gewiß können
auch größere Kinder an Nasendiphtherie erkranken und es wird
nicht so selten bei ihnen ein „chronischer Schnupfen" als Nasendiphtherie entlarvt. Zudem befällt sie auch kachektische oder an
anderen Krankheiten dahinliegende Kinder.

Das Fieber hält sich in mäßiger Höhe, jedenfalls unter 39°; Allgemeinerscheinungen fehlen. Nur der Schlaf ist vor allem bei Säuglingen infolge der Atembehinderung durch die verstopfte Nase gestört, ja manchmal werden die Eltern durch „Erstickungsanfälle" alarmiert. Die sind aber nicht ärger als bei jeder anderen schweren Rhinitis. Das Nasensekret ist anfangs dünnflüssig, von dem bei einfacher Rhinitis nicht zu unterscheiden. Nach mehrtägigem Bestande der Krankheit fällt dem untersuchenden Arzte zunächst die schnüffelnde Atmung auf und die Borkenbildung am Naseneingang. Der Rand der Nasenflügel und des unteren Endes der Nasenscheidewand zeigt stärker gereizte Hautstellen, als es bei einem Schnupfen meistens zu sehen ist. Es sind dort nässende, mit Eiterkrusten bedeckte Stellen, oft auch an der Oberlippe. Und werden nun die Nasenflügel mit zwei Fingern komprimiert, um etwas Sekret zu gewinnen, so zeigt sich dieses in charakteristischer Weise verändert. Früher reinserös, ist es jetzt blutigserös und immer weniger dünnflüssig; die rosarote Farbe geht in ein Schokoladebraun über, ja in schwereren Fällen oder bei langem Bestande kann es sogar jauchige Beschaffenheit annehmen. Im Abstrich dieses Sekretes sind die Diphtheriebazillen recht leicht nachweisbar, oft in typischer Lagerung. Meistens sind beide Nasenhöhlen erkrankt, doch kommt mitunter auch ein rein einseitiger Prozeß vor. In der Nasenhöhle kann man vor allem bei größeren Kindern die membranöse Auflagerung auf der Schleimhaut beobachten; fibrinöse, weiße oder graue, festhaftende Beläge, die kleinere oder größere Schleimhautabschnitte bedecken, andere freilassen. Manchmal finden sich auch solche Membranstücke dem Sekrete beigemengt.

Bleibt nun eine Nasendiphtherie unbehandelt oder erfolgt die Seruminjektion erst bei starker Ausdehnung des Prozesses, dann dauert die Erkrankung längere Zeit, einige Wochen. Häufig greift sie dann auch auf den Rachen über; mitunter findet sie sich vom Anfang an in der Nase und im Rachen gleichzeitig lokalisiert. Oder es entsteht im Anschlusse an eine unbehandelte Nasendiphtherie plötzlich ein Krupp, eine Verlaufsform, die gar nicht so selten ist. Hingegen wurde ein Übergreifen auf die Nasennebenhöhlen noch nicht beobachtet und ebenso nur ganz ausnahmsweise die Entstehung einer Otitis media. Dann finden sich im Mittelohre die Diphtheriemembranen — ein Befund, der aber wohl nur bei Obduktionen erhoben werden kann — und im Ohreiter Diphtheriebazillen. Es kann sich aber auch um eine durch andere Erreger hervorgerufene Otitis media handeln, wie sie ja oft zu den verschiedensten Erkrankungen im Kindesalter hinzutritt.

Die Ausdehnung der bei Nasendiphtherie erkrankten Schleimhautfläche ist recht groß und daher auch die Möglichkeit zu reichlicher Bildung und Resorption von Diphtherietoxinen gegeben. Deswegen ist die Nasendiphtherie vor allem im Säuglingsalter durchaus als ernste Krankheit anzusehen, da es doch mitunter zu letaler Toxinschädigung des Herzens kommt. Ebenso erhöht die Möglichkeit des Übergreifens auf den Kehlkopf — ebenfalls im Säuglingsalter mehr gefürchtet als später — mit Stenosenbildung, des raschen Absteigens in die Trachea, auch der Komplikation durch Pneumonie das Gefahrenmoment der Nasendiphtherie. Bei Kindern jenseits des Säuglingsalters kann man jedoch die Nasendiphtherie in der Regel als eine der leichtesten Formen der Diphtherie betrachten. Die Erreger finden sich oft noch lange Zeit nach Versiegen der Sekretion in der Nase vor und so wird mancher geheilte Patient als Dauerausscheider von Diphtheriebazillen zur Infektionsquelle für seine Umgebung. Auch ein neuerliches Aufflammen von klinisch bereits als geheilt betrachteten Nasendiphtherien wird gelegentlich beobachtet.

6. Die Diphtherie an anderen Körperstellen.

Auch an anderen Schleimhäuten als im Nasenrachenraume kann Diphtherie auftreten, und zwar kann sich dort die Krankheit primär ansiedeln oder häufiger sekundär im Anschlusse an eine bestehende Nasen- oder Rachendiphtherie; doch sind diese Formen recht selten und verlaufen meistens ohne Allgemeinerscheinungen.

Die Diphtherie der Conjunctiva tritt in der Regel nur einseitig auf. Die Lider sind ödematös, an den Rändern verklebt. Wird diese Verklebung gelöst, dann entleert sich ein ziemlich reichliches seröses oder serösblutiges Sekret. Die Bindehaut ist stark geschwollen und trägt auf den Lidern einen mattgrauen, zarten, membranösen Belag; manchmal ist dieser häutige Überzug der Conjunctiva palpebrarum etwas dicker und läßt sich im ganzen abstreifen. Es gibt auch schwerere Formen der Bindehautdiphtherie, wobei es zum Übergreifen der Membranbildung auf den Bulbus kommt mit Ausbildung von Geschwüren. Dann kann eine solche Erkrankung auch für die Cornea gefährlich werden mit allen Folgen, die ein Hornhautgeschwür nach sich ziehen kann. Sonst aber heilt die Krankheit unter Serumtherapie ohne Komplikationen ab.

Bei Rachendiphtherie wird ausnahmsweise auch eine Ausbreitung auf die Schleimhaut der Z u n g e u n d d e r L i p p e n beschrieben, doch gehören solche Fälle zu den klinischen Raritäten.

Nicht viel häufiger gelangt eine D i p h t h e r i e d e r V u l v a o d e r d e s P e n i s zur Beobachtung. Bei bestehender Rachen- oder Nasendiphtherie wird sie leicht erkannt und auch beim primären Auftreten bietet sich ein charakteristisches Bild: eine scharf begrenzte, weiß oder grau glänzende, fest haftende membranöse Auflagerung mit geringer entzündlicher Reaktion der Umgebung ohne nennenswerte Schwellung der regionären Lymphdrüsen und ohne Allgemeinerscheinungen.

Dagegen ist eine H a u t - u n d W u n d d i p h t h e r i e etwas öfter zu sehen. Die intakte Haut läßt eine Ansiedlung von Diphtheriebazillen nicht zu. Nur von Epidermis freie Partien können von Diphtherie befallen werden, am ehesten bei gleichzeitigem Bestehen einer Nasen- oder Rachendiphtherie, aber auch primär ohne eine solche. Vor allem sind es die intertriginösen, nässenden Ekzeme hinter den Ohren, seltener in der Halsfurche, gegebenenfalls auch in der Inguinalfurche und nur ganz ausnahmsweise ist es der nässende Nabel, wo sich die charakteristischen Membranen zeigen. Desgleichen können natürlich Ekzeme an allen anderen Körperstellen mit Diphtherie infiziert werden. Ein eigenes Kontingent stellen die Wunden nach Verletzungen, auch nach Operationen und verhältnismäßig häufig die Brandwunden. Die befallenen Partien zeigen einen von den durch Sekretion der Wundfläche gebildeten Krusten verschiedenen Überzug: grauweiße, dünne, manchmal auch derbe Membranen, in typischen Fällen von deutlich fibrinösem Charakter, die weite Partien bedecken; sonst sind sie nur stellenweise, inselförmig zu sehen und können als Salbenreste imponieren; doch haften sie fest und die Umgebung erscheint entzündlich infiltriert. Auf Serumbehandlung spricht die Hautdiphtherie gut an; bei ausgedehnter Membranbildung allerdings ist die Gefahr eines toxischen Herztodes nicht gering. Auch Spätlähmungen in der Nachbarschaft der befallenen Hautpartien werden beobachtet.

Die postdiphtherischen Lähmungen.

In der zweiten oder dritten Woche nach Beginn der Krankheit treten manchmal periphere Lähmungen verschiedener Muskelgebiete auf. Ihre Häufigkeit und auch ihre Lokalisation scheint mehr vom Charakter der herrschenden Epidemie als von der Art und Schwere der einzelnen Erkrankung abhängig zu sein. Es vergehen oft viele Monate, wo an einem reichen klinischen Materiale keine Lähmung wahrgenommen wird. Doch zu Zeiten, wo überhaupt solche Lähmungen vorkommen, sind es wohl die rein fibrinöse Formen und die schwereren Fälle überhaupt, die von ihnen befallen werden. Es handelt sich dabei um Schädigungen degenerativer Art an den peripheren Nerven, hervorgerufen durch die Toxine des Diphtheriebazillus. Besonders bevorzugt sind die motorischen Nerven, so daß es zu schlaffen Lähmungen kommt; doch werden auch Sensibilitätsstörungen, also Hypaesthesien und Anaesthesien beobachtet.

Am häufigsten kommt es zur Lähmung des Gaumensegels. Die Sprache fällt durch einen nasalen Beiklang auf, sie ist „näselnd". Läßt man den Kranken ein charakteristisches Wort, zum Beispiel „zwanzig" aussprechen, so wird sofort der näselnde Charakter erkannt. Entgeht dieses Symptom der Beobachtung, dann bemerkt alsbald die Umgebung des Kranken, daß geschluckte flüssige Nahrung ·und Flüssigkeiten überhaupt (sehr häufig unter Hustenstößen, dem sogenannten „Sich verkutzen") aus der Nase regurgitieren: das heißt, ein geringer Teil kommt aus der Nase zurück, der größere wird ja doch geschluckt. Und besichtigt man nun den Rachen, dann zeigt sich, daß das Gaumensegel und das Zäpfchen schlaff herunterhängen. Bei der Phonation des üblichen Prüflautes „A" wird das Zäpfchen bei leichten Graden der Lähmung ein wenig, bei vollkommener Parese gar nicht gehoben und schleift auf der Zunge. Im letzteren Falle wird die Sprache sehr undeutlich, kaum verständlich. Die Schleimhaut des Gaumensegels soll häufig anaesthetisch sein. Bei schwerer, vor allem bei maligner Rachendiphtherie kann eine Gaumensegellähmung schon sehr frühzeitig auftreten, noch während die Beläge vorhanden sind; doch handelt es sich hiebei um eine muskuläre, durch Entzündung verursachte Form.

An Häufigkeit wäre in zweiter Reihe die Lähmung der Augenmuskeln anzuführen. Eines Tages beginnt der Kranke zu schielen und bei der Prüfung der Augenbewegungen zeigt sich, daß die Blickrichtung nach dieser oder jener Seite unmöglich ist. Gleichzeitig oder isoliert kann es auch zur Lähmung des Ciliarmuskels kommen, woraus eine Störung der Akkommodation resultiert. Diese wird natürlich nur bei größeren Kindern oder bei Erwachsenen festgestellt, indem die scharfe Beobachtung naheliegender Objekte, also zum Beispiel das Lesen, unmöglich wird.

Seltener sind die Rumpf- und Extremitätenmuskeln befallen.

Eine Andeutung findet sich meistens in der Art, daß lediglich die Patellarsehnenreflexe nicht auslösbar werden. Doch kann es auch zu ausgedehnten Lähmungen kommen, indem beispielsweise die Beine vollkommen paretisch werden, auch die Arme, oder die Nacken- und Rückenmuskulatur. Die Kranken können nicht sitzen, nicht einmal den Kopf erheben, sie sinken in sich zusammen. Sind nur die Beine paretisch, dazu noch leichtere oder auch deutlichere Sensibilitätsstörungen an den peripheren Teilen vorhanden, dann haben wir eine Störung vor uns, die an die Erscheinungen der Rückenmarksschwindsucht erinnert: daher auch ihr Name Pseudotabes diphtherica.

Alle diese Lähmungen sind im Grunde u n g e f ä h r l i c h. Sie können sich noch durch Tage und Wochen weiter ausbreiten, in ihrer Mehrzahl sind sie aber nach vier Wochen vollkommen rückgebildet. Und selbst solche, die nach dieser Zeit noch nicht geringer werden, schwinden, wenn auch nach Monaten, ohne jede bleibende Schädigung. Nur in einem Falle ist die Prognose der postdiphtherischen Lähmungen schlecht. Wenn sich nach einer schweren, an Malignität grenzenden Erkrankung zu den Lähmungen des Gaumensegels, der Augen- und Skelettmuskeln noch eine Lähmung des Zwerchfelles hinzugesellt, ist das Leben ernstlich bedroht. Der unbeweglich im Bette liegende Kranke fällt dem Arzte durch einen eigenartig kraftlosen Husten auf. Bei genauerem Zusehen zeigt sich, daß die Atmung besonders flach ist und vor allem ohne Beteiligung der Bauchmuskulatur erfolgt. Auch in diesem Stadium kann die Lähmung noch stillstehen und sich wieder rückbilden. Immerhin ist schon jetzt die Gefahr eminent. Der asthenische, wirkungslose Husten vermag das Sekret aus den Bronchien nicht zu entleeren, es kommt zu eitriger Bronchitis und, geht die Lähmung nicht bald zurück, zu gangräneszierender Pneumonie. Schreitet die Lähmung des Zwerchfells, des wichtigsten Atemmuskels, weiter, dann stirbt der Kranke an Atemlähmung bei guter Herztätigkeit.

Die Kreislaufschwäche bei Diphtherie.

Die deletäre Wirkung des Diphtherietoxins auf das Kreislaufsystem macht sich namentlich bei der malignen Form bemerkbar. Aber auch die übrigen Formen der Diphtherie können in ihrem Verlaufe Erscheinungen von seiten des Zirkulationsapparates aufweisen. Wie bei manchen anderen Infektionskrankheiten stellt sich häufig einige Zeit nach Ablauf der akuten

Symptome, etwa im Beginne der zweiten Krankheitswoche, eine starke Pulsverlangsamung ein, die meistens mit unregelmäßiger Schlagfolge einhergeht. Diese Bradykardie und Arythmie dauert zumeist nur wenige (zwei bis drei) Tage, längstens eine Woche. Doch kann sie auch nur die Einleitung zu einem ernsteren Komplex darstellen: es folgt Blutdrucksenkung und Dilatation des in seinem Myocard geschädigten Herzens und somit eine hochgradige Zirkulationsschwäche. Nach einiger Zeit können sich auch diese Erscheinungen zurückbilden und der Kranke erholt sich, wenn auch sehr langsam. Es kann aber bei schwereren Schädigungen, sei es des Herzmuskels, der Vasomotoren, des Reizleitungssystems oder des Nervus vagus, zu dem bei der malignen Diphtherie so häufig beobachteten Tode an Herzlähmung kommen. Natürlich sind solche Fälle bei den einfacheren Diphtherieformen eine Ausnahme; die Regel ist da, daß die Bradykardie und Arythmie schwinden und keine Störungen seitens des Kreislaufsystems folgen.

Fälle, die zu spät oder unzulänglich mit Serum behandelt wurden, aber ganz ausnahmsweise auch Fälle, die einen solchen Ausgang nach dem klinischen Bilde nicht hätten erwarten lassen, können noch lange Zeit (drei bis sieben Wochen) nach dem Krankheitsbeginne in voller Rekonvaleszenz einem Herztode erliegen. Ohne Vorboten stellt sich anscheinend aus voller Gesundheit plötzlich Erbrechen und Leibschmerzen ein und nach kurzer Zeit, nach Minuten oder Stunden, sinkt der Unglückliche tot zusammen.

Die Nephrose bei Diphtherie.

Eine schwere Diphtherieinfektion geht meistens vom Anfange an mit einer degenerativen Nierenschädigung einher. Es findet sich im Harne eine deutliche Eiweißausscheidung, die Werte bis zu etwa 3°/₀₀ erreicht, im Sediment sind Leukozyten und hyaline Zylinder, jedoch nur ganz vereinzelte Erythrozyten. Dabei besteht keine Ödembildung, keine Blutdrucksteigerung. Mit der Besserung der Diphtherie heilt auch diese toxische Nephrose ohne eigene Behandlung vollkommen ab. Schwere tödlich ausgehende Diphtherieformen behalten auch bis zum Schlusse die Nierenerkrankungen.

Auch bei einem bisher nierengesunden Diphtheriepatienten kann sich im Verlaufe der Krankheit oder in der Rekonvaleszenz Nephrose einstellen. Es erscheint das Gesicht blaß, im Bereiche der Lider gedunsen, ausnahmsweise bilden sich auch Ödeme der Sakralgegend oder der Knöchel, Kopfschmerzen

bestehen nicht, ebensowenig Blutdrucksteigerung. Der Harnbefund zeigt ebenfalls Albumen, Leukozyten, Zylinder und wenig
rote Blutkörperchen. Auch diese Form ist vollkommen ungefährlich; sie dauert meistens einige Tage, selten länger als zwei
Wochen und heilt schließlich restlos aus.

Die Diphtherie als Komplikation anderer Krankheiten.

Schwer kranke, kachektische Personen können bei gegebener
Infektionsmöglichkeit sehr leicht von mehr oder minder ernster
reinen Nasendiphtherie. Das Maß ihrer Toxizität und die Abwehr-
Diphtherie befallen werden. In manchen Fällen kommt es zu einer
fähigkeit des Organismus entscheiden über den Ausgang; meistens
heilt sie ab, doch kann auch die Herzschädigung irreparabel
werden. Desgleichen kommt es bei solchen schwer Kranken zum
Auftreten von Kehlkopfkrupp, mit meistens tödlichem Ausgange,
so daß er als terminale Komplikation gilt.

Die am meisten gefürchtete Komplikation ist die D i -
p h t h e r i e b e i e i n e m M a s e r n k r a n k e n. Es besteht zunächst nur geringe Heiserkeit; innerhalb ganz weniger Stunden
steigert sich diese zu vollkommener Aphonie und rasch zunehmen-
der Dyspnoe; nach kurzer Zeit ist das ausgeprägte Bild des deszen-
dierenden Krupps zu sehen. Der Ausgang ist auch trotz Seruminjektion und operativer Hilfe durchaus ungewiß. Nur die frühzeitige Erkennung kann die Entwicklung des echten Masernkrupps
aufhalten.

Auch im Verlaufe einer P e r t u s s i s kommt mitunter eine
komplizierende Diphtherie zur Beobachtung. Auch hier kann ein
Krupp entstehen, der wegen der stridorösen Pertussisanfälle einige
diagnostische Schwierigkeiten macht.

Schließlich sei noch erwähnt, daß im Anschlusse an T o n -
s i l l e k t o m i e die Ansiedlung von Diphtheriebazillen im Rachen
und Kehlkopfe denkbar ist und von uns auch beobachtet wurde.

Waren das Fälle von Hinzukommen einer Diphtherie zu
anderen Krankheiten, so muß auch umgekehrt darauf hingewiesen
werden, daß eine bestehende Diphtherie sehr leicht zu einer Infektion mit S c h a r l a c h disponiert ist. In Epidemiezeiten sind
diese Kombinationen nicht selten. Eine besondere Verschlechterung
im Verlaufe des Scharlachs wird durch eine vorangegangene oder
eine gleichzeitig bestehende Diphtherie nicht hervorgerufen, ebenso
wenig wird die Prognose der Diphtherie selbst durch den Scharlach allein ungünstig beeinflußt.

C. Die Diagnose und die Differentialdiagnose der Diphtherie.

An die Spitze dieses wichtigen Abschnittes mögen zwei grundsätzlich wichtige Leitsätze gestellt werden:

Erstens: Zur Untersuchung jedes Kranken, insbesonders aber jedes kranken Kindes, gehört die tägliche Inspektion des Rachens. Sie wird am besten als Abschluß der allgemeinen Untersuchung vorgenommen, um das Kind nicht vorzeitig ungebärdig zu machen und dadurch die ganze übrige Untersuchung in Frage zu stellen. Auch die Eltern sollen es sich zur Gewohnheit machen, ihrem Kinde bei jedem Unwohlsein in den Hals zu sehen; dadurch kann frühzeitig eine Angina oder eine Diphtherie erkannt werden und überdies gewöhnen sich die Kinder so an die gefürchtete Prozedur des „Spatelns". Man sorge für gute, von der rechten Seite des Untersuchers einfallende Beleuchtung. Kleinere Kinder nimmt die Mutter oder Pflegerin auf ihren rechten Arm und hält mit ihrer linken Hand die Händchen des Patienten fest. Größere Kinder werden auf den Schoß genommen oder sitzen allein und werden womöglich, ohne daß man sie festhält, untersucht. Ist dies jedoch undurchführbar, dann sollen sie in ein Tuch oder in eine Decke eingewickelt werden, aus denen sie ihre Hände nicht befreien können. Die linke Hand des Arztes hält den Kopf des Kindes in leicht zurückgebeugter Stellung derart, daß der Daumen auf die Stirne, die anderen Finger auf den Scheitel zu liegen kommen. Zunächst versuche man ohne Spatel oder Löffel auszukommen. Bei manchen Kindern gelingt es, den ganzen Rachen zu übersehen, wenn sie die Zunge stark herausstrecken und „A" sagen. Meistens ist jedoch der Zungengrund so stark vorgewölbt, daß er den Blick auf die Rachengebilde hindert. Niemals verwende man, um ihn niederzudrücken, den eigenen Finger; nur so kann der Arzt dem Vorwurfe entgehen, durch die Untersuchung eine Infektion des Kindes verursacht zu haben. Öffnet das Kind den Mund nicht freiwillig, dann gehe man mit dem Löffel oder Spatel an der Zahnreihe und Wange entlang bis zu den letzten Molaren; von dort aus, nie jedoch von den Schneidezähnen, gelingt es dann doch, das Instrument in die Mundhöhle zu schieben, die Zunge niederzudrücken und den Rachen anzusehen. (Wenn man einem Menschen mit einem Spatel oder Löffel in den Hals sieht, darf er die Zunge nicht herausstrecken, weil man sie ihm sonst an die Schneidezähne anpreßt, was schmerzhaft ist.) Findet man im Rachen viel Schleim oder Speisereste, so soll das Kind etwas

Wasser oder Limonade, nicht aber Milch trinken. Man besichtige genauest und systematisch: die Wangenschleimhaut (wegen Koplikscher Flecken als Masernprodrom), die Zunge und die Gingiva, die Tonsillen, die Uvula, die hintere Rachenwand, wenn möglich auch die Epiglottis. Gut ist es, wenn dies auf einmal gelingt; doch scheue man allenfalls nicht davor zurück, noch ein zweites oder drittes Mal nachzusehen. Man soll nur nichts übersehen! — Wird man von dem ungebärdigen oder geplagten Kinde angespuckt, dann wasche man sich das Gesicht und desinfiziere es mittels eines mit Alkohol getränkten Wattebausches. Eine Infektion der eigenen Konjunktiva mit Diphtheriebazillen kann dem Arzte widerfahren, der kein Augenglas trägt; in diesem Falle ist es doch sehr angezeigt, sich eine prophylaktische Seruminjektion zu machen.

Zweitens: In der Diagnose der Diphtherie gibt der klinische Befund gegenüber einem negativen bakteriologischen Befunde unbedingt den Ausschlag. Und nur, wenn es der Krankheitsprozeß nach Ausdehnung, Lokalisation und Allgemeinzustand zuläßt, darf man überhaupt das Ergebnis einer bakteriologischen Untersuchung abwarten. Ist sie negativ, dann handle der Arzt, als hätte er keine vorgenommen, so, wie es der klinische Befund gebietet.

Die Diphtheriebazillen sind Stäbchen von der Länge etwa der Tuberkelbazillen, aber etwas dicker. Sie sind gerade, manchmal leicht gebogen. An ihren Enden sind sie häufig, aber nicht immer, kolbig angeschwollen und diese Polkörperchen sind ein charakteristisches Merkmal. Im Ausstriche finden sich die Diphtheriebazillen entweder einzeln oder in kleinen Gruppen angeordnet. Dabei zeigen sie eine kennzeichnende Lagerung, indem sie häufig palissadenartig oder fingerförmig liegen, wie die Buchstaben V oder Y aussehen. Besonders charakteristisch ist der Befund ganzer Nester, also dichter Gruppen von parallel oder winkelig, wie eben beschrieben, zueinander liegender Stäbchen. Die Polkörperchen können fehlen; die typische Gruppierung, zumindest an einer Stelle des Präparates, ist eine Voraussetzung für die Sicherstellung eines positiven Befundes.

Zur Abnahme eines Belagstückes für die Herstellung des Ausstrichpräparates bedient man sich am besten einer ausgekochten Ohrenpinzette. Es wird immer vom Rande des Belages ein Stückchen abgezwickt und auf dem Objektträger verrieben. Dabei kann man auch die Konsistenz der Membran prüfen; ist sie derb und schwer zu zerdrücken, dann besteht sie aus Fibrin: das spricht für diphtherische Membran. Ist sie weich und breiig, dann ist es zumindest keine reine Diphtherie. Statt der Pinzette kann man auch eine Platinöse verwenden, um den Ausstrich zu machen; man dringt zu diesem Behufe am Rande der Membran an ihre Unterfläche, also die dem Epithel anliegende Seite, ein und streicht das Sekret aus. Schließlich kann man auch einen Wattepinsel benützen, doch gelingt es damit wohl am schwersten, von der richtigen Stelle, das ist von der Randpartie, etwas abzunehmen. Bei Verdacht auf Larynxdiphtherie bei belagfreiem Rachen, streicht man den Schleim von der Rachenhinterwand und den Tonsillen mit einem solchen Pinsel ab. Zur Untersuchung auf Nasendiphtherie wird so verfahren wie bei Rachenbelägen, wenn in der Nase Membranen sichtbar sind; sonst streicht man etwas Sekret, womöglich aus der Tiefe der Nase ab. Ungeeignet zur Untersuchung sind die trockenen Borken am Naseneingang.

Das so gewonnene Abstrichpräparat wird an der Luft getrocknet, dann dreimal langsam durch die Flamme gezogen. Nun läßt man durch etwa drei Minuten einige Tropfen alkalischen Methylenblaus, das im Handel als Löfflers Methylenblau bezeichnet wird, auf dieses fixierte Präparat einwirken. Dann wird der Farbstoff mit Wasser abgespült und man läßt den Objektträger in schräger Stellung abtropfen und trocknen. Untersucht wird mit Immersionsobjektiv. Es ist notwendig, ein solches Präparat vor allem an den Stellen, an denen der Ausstrich dünn ist, längere Zeit sorgfältig zu untersuchen und erst, wenn man nach etwa zehn Minuten keine typische Stelle, also entweder einzelne Stäbchen mit deutlichen Polkörpern oder Stäbchen auch ohne Polkörper in charakteristischer Lagerung, gefunden hat, darf man es als negativ erklären. Wie zu jeder mikroskopischen Untersuchungsmethode gehört auch dazu Übung; nur wer über diese verfügt, darf seine Deutung eines bakteriologischen Befundes verwerten.

Ein richtig getrocknetes und fixiertes Ausstrichpräparat kann auch an eine bakteriologische Untersuchungsanstalt in einem kleinen Holzschächtelchen oder auch in Filtrierpapier gut eingewickelt in einem Briefumschlage eingeschickt werden.

Da es nicht selten bei negativem Befunde im Ausstrich doch gelingt, die Diphtheriebazillen auf eigenen Nährböden (Löfflers Blutserum) zu züchten und so die Diphtherie nachzuweisen, empfiehlt es sich, die diagnostisch wichtigen oder schwierigen Fällen oder bei der Suche nach Bazillenträgern auch Material für die Anlegung einer K u l t u r einzusenden. Dazu eignen sich sterile

Wattestäbchen in sterilen Eprouvetten, wie sie in den Untersuchungsanstalten und häufig auch in den Apotheken vorrätig gehalten werden. Mittels des Wattestäbchens wird vom Rachen und der Tonsille oder der Nasenschleimhaut Material, womöglich ein Stückchen Membran, abgenommen, in der Eprouvette verwahrt und in der dazu gehörigen Holz- oder Blechschachtel zur Untersuchung eingeschickt. Nach etwa achtstündigem Bebrüten im Thermostaten kann bereits eine Reinkultur von Diphtheriebazillen vorliegen, so daß der Bericht über einen positiven Befund den Arzt in verhältnismäßig kurzer Zeit erreichen kann. Denn nur, wenn der Befund innerhalb 24 Stunden in den Händen des Arztes sein kann, empfiehlt es sich überhaupt, von einer Untersuchungsanstalt Gebrauch zu machen.

1. Rachendiphtherie.

In der Regel sprechen geringe Allgemeinerscheinungen und subjektive Beschwerden, sowie mäßige Temperatursteigerung für Diphtherie und gegen andere Anginen. Ebenso ist das gleichzeitige Bestehen von Schnupfen mit mehr oder minder blutigseröser Sekretion oder von Heiserkeit ein Hinweis auf eine Diphtherie des Rachens mit Beteiligung der Nase oder des Kehlkopfes.

Erstreckt sich der Belag ausschließlich auf die Tonsillen, so ist er, so lange er noch aus einzelnen Inseln besteht, nur mit Mühe und größter Erfahrung als der Beginn einer Diphtherie zu erkennen. Sind jedoch die Auflagerungen rein weiß oder silberglänzend oder mattgrau, jedoch ohne gelben Farbenton, dann lassen sie an Diphtherie denken. Ebenso ist ihre Lokalisation außerhalb der Lakunen und über die Grenzen einzelner Follikel hinaus verdächtig, ebenso auch eine Ausdehnung über Linsengröße. In einem solchen Falle kann man jedoch kurze Zeit zuwarten und die Diagnose auf den Nachmittag desselben oder auf den Morgen des nächsten Tages verschieben. Die Zwischenzeit kann allenfalls auch zur Anfertigung und Untersuchung eines Abstrichpräparates verwendet werden. In diesem Stadium gelingt es verhältnismäßig leicht, in den schwer zerreibbaren Membranstückchen Diphtheriebazillen nachzuweisen.

Ein Befund ausgedehnterer beiderseitiger Membranbildung auf den Tonsillen spricht in hohem Maße für Diphtherie, besonders wenn die Beläge die charakteristischen Merkmale der rein fibrinösen Form aufweisen. Die Mischform ist schwerer zu erkennen und schwerer von der konfluierten lakunären Angina abzugrenzen. Deshalb empfiehlt es sich für den Praktiker, j e d e a u s g e d e h n t e r e B e l a g b i l d u n g auf den Tonsillen als Diphtherie zu betrachten und zu behandeln. Dabei soll er sich durchaus nicht durch die Mitteilung einer angeblich bereits überstandenen Diphtherie beirren lassen und auch nicht durch den Hinweis, daß der Kranke häufig an „solchen" Halsentzündungen leidet, wenn er sie nicht selbst bereits beobachtet hat.

Mit Sicherheit spricht es jedoch für Diphtherie, wenn die Beläge die G r e n z e n d e r T o n s i l l e n ü b e r r a g e n und sich insbesonders auf die Uvula, die Gaumenbögen und den weichen Gaumen, aber auch auf die hintere Rachenwand erstrecken.

Von Wichtigkeit ist das Erkennen einer beginnenden schweren oder m a l i g n e n D i p h t h e r i e. Einen Hinweis darauf liefert vor allem die überraschend große Ausdehnung der Beläge unter Berücksichtigung der Krankheitsdauer, sowie eine intensivere Schwellung und Entzündung der Rachenschleimhaut; zudem besteht ein stärkerer Belag der Zunge, ein übler Mundgeruch, eine stärkere Drüsenschwellung am Halse und eine Mitbeteiligung der Nasenschleimhaut. Von Bedeutung ist die auffallende Blässe des Gesichtes und eine größere Mattigkeit, weiters ein nephrotischer Harnbefund, also Albuminurie und Zylindrurie bei fehlender Hämaturie. Wenn die Beläge einen sehr schmierigen oder sulzigen Charakter haben, dann ist die Diphtherie als besonders schwer mit Sicherheit zu erkennen.

Die D i f f e r e n t i a l d i a g n o s e hat im Beginne der Erkrankung zunächst die A n g i n a f o l l i c u l a r i s u n d l a c un a r i s zu beachten Die Angina zeigt eine größere Fieberhöhe, ebenso sind bei ihr die Halsschmerzen intensiver, die Schwellung der Tonsillen und die Rötung der Schleimhaut stärker. Die lakunären Pfröpfe sind gelb und streng an die Nischen gebunden. Die follikulären Beläge sind weichschmierig und nicht so rein weiß wie die diphtherischen. Zeigt die Wiederholung der Racheninspektion nach einem halben oder ganzen Tage eine nur geringe Ausbreitung der Beläge unter Einhaltung ihres Areales, dann bleibt die gestellte Diagnose Angina aufrecht. Aber auch eine Konfluenz kann noch als nicht diphtherische Angina gedeutet werden, wenn die Auflagerungen gelb und weich sind, der Unterlage nur lose aufsitzen (wovon man sich durch Anstreifen mit dem Spatel überzeugen kann) und die Tonsillengrenzen nicht überschreiten. Führt diese Angina zu einer Nierenschädigung, dann haben wir es mit einer haemorrhagischen, herdförmigen oder Glomerulonephritis zu tun; im Harne finden sich dann vor allem rote und weiße Blutkörperchen, weniger Zylinder und schon makroskopisch ist die Fleischwasserfarbe für die Hämaturie bezeichnend. — Wenn bei einer Angina nach einigen Tagen die Beläge konfluieren und auf die Nachbarschaft der Tonsillen, übergreifen, dann ist aus der Angina eine Diphtherie (Mischform) geworden; richtiger gesagt, war die anfangs irrtümlich als Angina aufgefaßte Krankheit vom Hause aus eine Diphtherie, die nur unter dem Bilde der lakunären Angina in die Erscheinung getreten ist. (In solchen Fällen heißt es, rasch eine gehörige Dosis Heilserum einspritzen!)

Eine andere flächenförmige Belagbildung auf den Tonsillen kennen wir als Angina ulcero-membranacea oder Plaut-Vincenti. Sie hat manche Ähnlichkeit mit Diphtherie: es bestehen geringes Fieber und sehr mäßige Lokalbeschwerden. Häufig jedoch ist der Belag rein einseitig, was bei der Diphtherie nur in den ersten Stunden möglich ist. Er hat eine hell- bis braungelbe Farbe, haftet fest, ist trocken und krümmelig. Die Umgebung ist wenig entzündet. Doch zeigt sich bei etwas längerem Bestande bereits die Geschwürsbildung derart, daß die ganze Membran daran als Geschwürsgrund zu erkennen ist, daß sie das Schleimhautniveau der Umgebung nicht überragt, ja sogar eingesunken ist. Oder man sieht in einem Teile des Belages eine kraterförmige Vertiefung. Die Ulzeration kann die Tonsillengrenzen überschreiten. Im Ausstrichpräparate finden sich reichlich Spirillen und fusiforme Bazillen; dieselben Erreger sind jedoch in geringer Menge in jedem Belage vorhanden. Soll daher der Bakteriologe die Diagnose sichern, so muß wohl auch eine Kultur auf Diphtheriebazillen angelegt werden, deren negativer Ausfall dann für Plaut-Vincentsche Angina spricht.

Ein vollkommen diphtherieähnliches Bild bietet die Pneumococcen- oder Diplococcenangina dar. Die Tonsillen sind von festhaftenden, grau- oder bläulichweißen, einem Lapisschorfe ähnlichen Belägen überzogen. Sie kommt äußerst selten vor und wird wohl immer zuerst als Diphtherie betrachtet und behandelt. Erst die Unwirksamkeit des Diphtherieserums — der Prozeß geht nicht zurück, schreitet aber kaum vor — läßt diese Angina in Erwägung ziehen.

Der beginnende Tonsillarabszeß mit leichter Schleimhauttrübung oder lakunär konfluierendem Belage kann ein wenig an Diphtherie erinnern. Merkwürdigerweise werden gerade die malignen Diphtherien nicht selten als Mandelabszesse betrachtet; das dürfte vor allem in der stärkeren Schwellung und ödematösen Durchtränkung der Schleimhaut bei dieser Diphtherieform begründet sein. Ein Tonsillarabszeß verursacht jedoch starke Schmerzen. Außerdem ist er fast immer einseitig, und ebenso die recht beträchtliche und ebenfalls schmerzhafte Drüsenschwellung am Halse. Bei Diphtherie fehlen ja die Schmerzen in den Drüsen. Eine stärkere Belagbildung ist bei einem Tonsillarabszesse ausgeschlossen. Die Verwechslung einer Membran mit Abszeßeiter vermeidet man durch bloßes Abtupfen, wodurch wohl der Eiter, niemals aber ein diphtherischer Belag entfernt werden kann. Schließlich hat ein Kranker mit Tonsillarabszeß meistens hohes Fieber.

Aphtenbildung an den Tonsillen ist stets der Beginn oder die Ausbreitung einer aphtösen Stomatitis und beschränkt sich nie auf die Tonsillen allein. Es dürfte also die Differentialdiagnose der Diphtherie gegenüber der Angina aphtosa kaum Schwierigkeiten machen, mindestens nicht mehr am zweiten oder dritten Tage.

Ähnliche kreisrunde, vom Epithel entblößte Flecke auf den Tonsillen und anderen Teilen der Mundschleimhaut finden sich bei der Angina herpetica. Diese geht überdies meistens mit starken Kopfschmerzen einher.

Die Scharlachangina hat in den ersten ein bis zwei Tagen das Aussehen einer lakunären Angina. Doch kommt es dann bald zur Konfluenz, zur Bildung einer membranartigen Auflagerung. Um sie von einer Diphtherie zu unterscheiden — in Betracht kommt die Verwechslung mit der tonsillären Mischform — muß vor allem das gesamte Rachenbild berücksichtigt werden. Bei der Diphtherie ist der Pharynx bei ausschließlich tonsillärer Lokalisation nur wenig gerötet. Beim Scharlach dagegen sehen wir die charakteristische tiefe, flammende Rachenrötung, die sich bis auf die Uvula und den weichen Gaumen erstreckt und dort mit einer scharfen Grenze in gerader Linie abschließt. Die Membranen ähneln einander allerdings, doch sind die der Scharlachangina weicher und ganz leicht abwischbar. Die Zunge ist beim Scharlach immer ziemlich stark belegt, bei Diphtherie nur wenig. Und am sichersten entgeht man der Fehldiagnose, wenn man es sich zur Regel macht, in jedem Falle einer fieberhaften Erkrankung und im besonderen bei Halskranken die ganze Haut des nackten Patienten noch vor der Racheninspektion zu besichtigen. Gewiß kann ein Scharlachexanthem sehr flüchtig sein; zumeist aber findet man doch seine

Reste noch in den E l l e n - und L e i s t e n b e u g e n, auch am Unterbauche, mitunter allerdings nur mehr Schwellung der Follikel auf abgeblaßter Haut. Es soll aber nicht verhehlt werden, daß die Differentialdiagnose zwischen leichter Diphtherie und Scharlachangina bei flüchtigem Exanthem tatsächlich manchmal recht schwierig ist. Das ist weniger wegen einer etwaigen Verkennung der Diphtherie und wegen der falschen Diagnose Scarlatina unangenehm, denn es kann nur eine leichte Diphtherie für eine Scharlachangina gehalten werden, sondern wegen der umgekehrten Fehldiagnose. Unter der Annahme einer Diphtherie werden andere und kürzer dauernde Absonderungsmaßnahmen des Kranken getroffen und die Gefahr der Scharlachübertragung auf Geschwister und Mitschüler ist gegeben.

Nach dem dritten Tage geht die lakunär-konfluierende Scharlachangina mitunter in einen nekrotisierenden Prozeß über, in die A n g i n a n e c r o t i c a n s s c a r l a t i n a e. Die Tonsillen sind zur Gänze belegt; wiederum ist die Möglichkeit einer Verwechslung mit Diphtherie gegeben. Nur sind diese Beläge matsch, zerfließlich, haben eine grüngelbe Farbe und sind ins Tonsillargewebe versenkt, denn sie bilden den Grund eines Geschwüres. Sie verbreiten einen üblen Geruch. Die Nekrosenbildung kann auf die Umgebung übergreifen. Zur Erkennung dieser nekrotisierenden Scharlachangina trägt wesentlich das Bestehen eines allerdings abblassenden Exanthems, sowie eines Enanthems im Rachen bei, vor allem aber die nunmehr vom Belag befreite, hochrote, von geschwollenen Follikeln übersäte Himbeerzunge. Bei beiden Formen der Scharlachangina finden sich im Abstriche des Belages reichlich Streptococcen, die im Kulturverfahren oft als haemolytisch zu erkennen sind.

Im Säuglingsalter läßt einen mitunter ein S o o r b e l a g an Diphtherie denken, wenn er sich auf die Tonsillen ausbreitet. Doch ist in dieser Lebensperiode die Diphtherie an sich, besonders aber die Rachendiphtherie überaus selten. Zudem weist der körnige, unschwer abstreifbare Pilzrasen auf der Wangen- und Zungenschleimhaut durchaus auf die richtige Diagnose.

In den ersten Lebenswochen, wo noch B e d n a r s c h e A p h t h e n am harten Gaumen an symmetrischen Stellen beobachtet werden, können aus diesen Aphthen Geschwüre entstehen. Wenn sich diese Geschwüre über den Gaumen gegen die Tonsillen hin ausbreiten, entsteht das überaus seltene Bild der P s e u d o - d i p h t h e r i e. Doch läßt wohl die Berücksichtigung des Alters und der erkennbare Ausgangspunkt die Diagnose einer Diphtherie nicht aufkommen.

Nach T o n s i l l e k t o m i e n belegt sich normalerweise das Wundbett und seine nächste Umgebung am zweiten Tage mit einem gleichmäßigen gelben Überzuge, der sich im Verlaufe der nächsten fünf bis sechs Tage mit fortschreitender Epithelisierung abstößt. Die Kenntnis von der vorgenommenen Operation ermöglicht die ansonsten nicht leichte Unterscheidung. Es sei jedoch neuerlich darauf hingewiesen, daß auf einer solchen Wunde, sei es bei einem Bazillenträger oder durch Infektion von aussen, eine Diphtherie entstehen kann. Sie wird wohl erst bei Ausbreitung der Beläge oder bei Übergreifen auf den Kehlkopf erkannt.

Auch die gequollene, speckig-belegte Submukosa nach L a u g e n v e r ä t z u n g e n ergibt unter Umständen ein der Diphtherie ähnliches Bild; hier bringt die Anamnese den diagnostischen Aufschluß.

Einige Bedeutung haben auch l u e t i s c h e P l a q u e s im Sekundärstadium der Krankheit für unsere Betrachtungen, wenn sie an den Tonsillen lokalisiert sind. Meistens sind sie allerdings nicht auf diese allein beschränkt, sondern betreffen auch andere Anteile der Mundschleimhaut, vor allem die Wangen und die Lippen. Überdies sind sie keine Belagbildungen, sondern recht derbe Infiltrate mit weißlicher Verfärbung, von denen sich also auch nichts abstreifen läßt. Sie sind indolent, ebenso indolent sind die immer geschwollenen regionären Drüsen. Schließlich besteht auch in der Regel kein Fieber.

Die a k u t e L e u k ä m i e führt nicht selten zur Geschwürbildung auf der Mund- und Rachenschleimhaut. Diese Geschwüre tragen einen dicken schmutzig-grauen Belag, der allenfalls an eine maligne Diphtherie denken ließe und dies umsomehr, als wir es mit einem schweren, fieberhaften Krankheitsbilde zu tun haben und auch zahlreiche Hautblutungen bestehen können. Doch sind auch von den Tonsillen weiter entfernte Schleimhautabschnitte von Geschwüren durchsetzt. Außerdem bestehen meistens allgemeine Drüsenschwellungen, ein Milztumor und ein diagnostisch entscheidender Blutbefund.

Erst in letzter Zeit beschrieben und seither auch wiederholt beobachtet wurde die A n g i n a a g r a n u l o c y t o t i c a, ein Zerfallsprozeß an der Oberfläche der Tonsillen, aber manchmal auch an der Uvula, den Gaumenbogen und der Rachenwand. Das allgemeine Krankheitsbild ist das einer Sepsis mit hohem Fieber. Die Diagnose ist ungemein schwer, die meisten Fälle werden wohl als Tonsillendiphtherie diagnostiziert und erst die vollkommene Unwirksamkeit des Diphtherieserums mag an die richtige Diagnose denken lassen. Im Blute fehlen fast vollkommen die Granulozyten oder erreichen ganz niedrige Werte. Es ist also bei Verdacht auf Agranulozytose durch Untersuchung des Blutes rasch Aufschluß zu erlangen. Im Belagausstriche werden Streptococcen, auch Diplococcen, aber mitunter auch diphtherieähnliche Bazillen gefunden.

2. Die Kehlkopfdiphtherie.

Der Diphtheriekrupp oder die echte Kehlkopfbräune entsteht schleichend, ist aber rasch und ohne Remission progredient. In voller Ausbildung ist er bei geringem Fieber durch den rauhen, bellenden Husten gekennzeichnet, der immer beobachtet wird, und durch die vollkommene Aphonie, die hie und da auch nicht ganz hochgradig sein muß. Dazu kommt das grundlegende Symptom der fortschreitenden Atemnot mit Stridor von inspiratorischem Charakter, inspiratorischen Einziehungen in den Supraklavikulargruben, im Jugulum und am unteren Sternum. Sind alle diese Erscheinungen zur Gänze zu beobachten, dann ist die Diagnose feststehend. Für die Frühdiagnose ist vor allem auf die Anamnese und den Nasen-Rachenbefund Gewicht zu legen.

Die erste Frage lautet nach dem Beginne der Erkrankung: Plötzlich oder allmählich heiser und stimmlos geworden? Plötzliches oder allmähliches Einsetzen der Atemnot? Die allmähliche, deswegen aber doch rasche Entstehung spricht für echten Diphtheriekrupp.

Die zweite Frage muß zwischen ständig gleichmäßiger Progression und Remissionen nach schweren Anfällen auseinanderhalten: War die Atemnot schon schlechter, als sie jetzt ist, oder wird sie immer ärger? Beim echten Krupp ist wohl am Morgen eine geringe Besserung zu verzeichnen, aber dies ändert nichts am Gesamtverlaufe.

Nun wird der Rachen inspiziert: schon die kleinsten unscheinbaren Belagreste in den Tonsillarnischen, an der Uvula oder am Rande der Epiglottis sprechen mit absoluter Sicherheit für Diphtheriekrupp, auch wenn erst Heiserkeit und noch keine Aphonie besteht, wenn der Husten wohl rauh, aber noch nicht bellend ist, und wenn noch keine Atemnot zu erkennen ist. Ebenso spricht dafür eine stärkere seröse oder blutig-seröse Nasensekretion, erst recht natürlich Membranbildung in der Nase. Dann heißt es rasch handeln und, keinesfalls mit bakteriologischen Untersuchungen die Zeit verlieren; es muß sofort Serum in großen Dosen (10 000 A. E.) eingespritzt werden.

Ein recht ähnliches Krankheitsbild liefert, wie es schon der Name besagt, der P s e u d o k r u p p oder die falsche Bräune, die Laryngitis subglottica. Das ist eine infektiöse Entzündung der Kehlkopfschleimhaut, vor allem in den unterhalb der Stimmbänder gelegenen Anteilen. Das Kind erkrankt unter höherem Fieber und Heiserkeit. Plötzlich, und zwar immer in der Nacht, setzt starker Hustenreiz ein, das Kind hustet laut und bellend, die Stimme ist umflort, aber doch klanghaltig. Es bildet sich rasch eine mehr oder minder schwere, jedoch kaum je bedrohliche Atemnot aus. die inspiratorischen Einziehungen sind gering. Dieser Zustand dauert einige Zeit, auch zwei bis drei Stunden; gegen Morgen jedoch schwindet die Atemnot gänzlich. Tagsüber erinnert an die aufregenden Vorgänge der Nacht nur die starke Heiserkeit, der laut bellende Husten und ein mäßiger inspiratorischer Stridor. Das Kind fiebert hoch, ist matt, jedoch nicht erschöpft, die Hautfarbe ist rot und nicht zyanotisch, es besteht keine Unruhe; nur der Umstand, daß sie sich infolge der Heiserkeit beim Sprechen anstrengen müssen, regt vor allem nervöse Kinder etwas auf. Die zweite Nacht kann eine, jedoch viel farblosere Kopie der vorhergehenden bringen, vor allem ist die Atemnot geringer. Der nächste Tag bringt weitestgehende Besserung aller Symptome und in der dritten Nacht erinnert kaum mehr etwas an den abgeklungenen Pseudokrupp. Wird der Arzt in der ersten Nacht gerufen, dann berücksichtige er vor allem das höhere Fieber, den plötzlichen Beginn und das Fehlen von Aphonie und klanglosem Husten, untersuche Rachen und Nase genauest auf Beläge und etwaigen „blutigserösen" Schnupfen und stelle trotz der der Situation innewohnenden Aufregung seine Diagnose. Im Stadium der Remission, also bei Tage, ist sie umso leichter zu stellen, je exakter die anamnestischen Erhebungen von der Umgebung des Kranken beantwortet werden. Stimmt aber nicht alles für das beschriebene Bild des Pseudokrupps, dann entscheide sich der Arzt lieber für Diphtherie und handle dementsprechend (Seruminjektion).

Auch im Verlaufe einer hochfieberhaften Grippe mit starker katarrhalischer Erkrankung der oberen Luftwege kann es zur Ausbildung hochgradiger Heiserkeit und leichter Stenosenerscheinungen im Larynx kommen. Dieser G r i p p e k r u p p erreicht nie hohe Grade und würde wegen der allmählichen Entstehung wohl an Diphtherie denken lassen, wenn ihn nicht die typische Grippeerkrankung eingeleitet hätte.

. Im Verlaufe der M a s e r n gibt es zwei bedeutungsvolle Formen der Atembehinderung. Im Prodromalstadium, also zur Zeit der katarrhalischen Symptome einer Conjunctivitis, Rhinitis und Bronchitis vor Ausbruch des Exanthems oder gerade bei dessen Beginne kann es auch zu einer stärkeren Laryngitis kommen. Dabei mag die stark geschwollene Schleimhaut eine vorübergehende geringgradige Atemnot bewirken. — Ganz anderen Charakter haben jedoch Stenosenzeichen bei ausgebreitetem oder schon abblassenden Exanthem, ja vielleicht schon zur Zeit der Abschuppung. Hier ist das Auftreten von Heiserkeit sehr ernst zu nehmen. Sie kann wohl durch Bildung von Geschwüren oder auch nur durch sekundäre Infektion im Larynx bewirkt werden; oft genug aber ist sie das erste Symptom einer zu den Masern hinzugekommenen Diphtherie. Darum ist dieser Masernkrupp im Abschuppungsstadium zum Unterschiede von dem harmlosen im Initialstadium niemals als Pseudokrupp zu betrachten, sondern unbedingt als deszendierende Kehlkopfdiphtherie mit Heilserum zu behandeln.

Als plötzliche Komplikation einer mit Ödembildung einhergehenden Grundkrankheit ist das G l o t t i s ö d e m, richtiger Larynxödem, bekannt. Es kann durch eine in der Nachbarschaft des Kehlkopfes lokalisierte entzündliche Erkrankung bewirkt werden, wie Epiglottisabszeß, Perichondritis am Aryknorpel oder an anderen Knorpeln, phlegmonöse Angina (Tonsillarabszeß), Typhusgeschwüre, auf die Schleimhaut übergreifendes Gesichtserysipel, Tuberkulose oder Lues, auch Karzinom, oder durch Krankheiten, die zu allgemeiner Ödembildung führen, also renalen oder kardialen Hydrops. Die Kenntnis der bestehenden Grundkrankheiten, der ganz akute Beginn mit höchstgradiger Atembehinderung und das laryngoskopische Bild ermöglichen die Diagnose, die bei diesem Prozesse gar nicht schnell genug gestellt werden kann.

Bei spasmophilen Säuglingen gibt es Anfälle von Atemnot mitunter bedrohlichen Charakters, den L a r y n g o s p a s m u s. Die Ursache ist ein plötzlicher zu ihrer Verengerung führender Krampf der Stimmritze. Eingeleitet durch ein tönendes Inspirium, das mit dem lautmalenden Ausdrucke „juchendes" Inspirium bezeichnet wird, kann der Anfall von Stimmritzenkrampf innerhalb weniger Sekunden nach einigen klingenden Inspirationen beendet sein oder aber auch zu schwerer Zyanose und sogar zum Tode führen.

Ebenso plötzlich kann auch durch A s p i r a t i o n e i n e s F r e m d k ö r p e r s schwere Atemnot zustandekommen. Ist durch Befragen keine Aufklärung zu erzielen, so muß den Arzt der plötzliche Beginn beim Essen oder (im frühen Kindesalter) beim Spielen auf die Diagnose des verschluckten Fremdkörpers lenken. Die Stenose besteht trotz freier Stimme. Bei tiefem Sitze des Fremdkörpers ist der Stridor exspiratorisch. Über der Lunge findet man bei der Auskultation in einem kleineren oder größeren Abschnitte das Atemgeräusch aufgehoben.

P a p i l l o m e d e s L a r y n x können bei katarrhalischer Schwellung der Schleimhaut die freie Atmung behindern und sogar eine Tracheotomie notwendig machen. Meistens werden sie erst nach dieser oder durch Bronchoskopie entdeckt.

Eine aphthöse Stomatitis und Angina kann auch auf den Kehlkopf übergreifen. Bei dieser L a r y n g i t i s a p h t o s a findet sich nur Heiserkeit und geringe Atemnot; der Befund in der Mundhöhle klärt aber über den Zusammenhang auf.

Atemerschwerung ohne Heiserkeit hingegen findet sich beim R e t r o p h a r y n g e a l a b s z e ß . Der Kranke fällt sofort durch seine eigenartige Kopfhaltung auf: auf der fixierten, etwas gebeugten Halswirbelsäule wird der Schädel vorgestreckt. Der Mund ist halb offen, es besteht starker Speichelfluß. Die Stimme ist gedeckt, aber nicht heiser; meistens fiebert der Kranke hoch. An der hinteren Rachenwand sieht oder tastet man, wenn die Besichtigung wegen der steifen Haltung des Nackens, einem zu großen Widerstande begegnet, eine entzündliche Vorwölbung.

Mit einem ähnlichen, jedoch chronischen Zustande haben wir es zu tun, wenn durch einen S e n k u n g s a b s z e ß b e i C a r i e s d e r W i r b e l s ä u l e Kehlkopf oder Luftröhre eingeengt werden und ebenso bei D r u c k e i n e r t u b e r k u l ö s e n L y m p h - d r ü s e auf die Trachea. Der Stridor ist bei hohem Sitze des Hindernisses beim Inspirium hörbar, bei tiefem Sitze in- und exspiratorisch.

Dann sei noch das exspiratorische Keuchen bei H i l u s - t u b e r k u l o s e der Säuglinge erwähnt, das ebenfalls einen Dauerzustand darstellt. Die Atembehinderung ist nur mäßig, die Stimme und der Husten sind klanghaltig.

Bei P l e u r a e m p y e m e n beobachten wir, insbesonders im Säuglings- und Kleinkindesalter meistens das Auftreten von Heiserkeit, ja sogar Stenosenerscheinungen. Vermutlich sind diese Erscheinungen durch Druck der regionären entzündeten Lymphdrüsen auf den Nervus reccurens vagi oder auf die Trachea verursacht.

3. Nasendiphtherie.

Jeder stärkere oder längerdauernde Schnupfen ist auf Nasendiphtherie verdächtig, insbesondere wenn der Kranke noch dem Säuglingsalter angehört. Sicher wird die Diagnose, wenn das Sekret die charakteristische blutig-seröse Beschaffenheit und schokoladebraune Farbe hat oder wenn gar Membranen in der Nase zu sehen sind. Und schließlich kann, wenn nicht gleichzeitig Larynxsymptome bestehen, ohne Gefahr im Verzuge die Diagnose durch den bakteriologischen Befund erhärtet werden. Die Diphtheriebazillen sind gerade im Nasensekret leichter und in typischer Lagerung zu finden, nur haben sie manchmal eine plumpere Gestalt. Außerdem gehören zum ausgeprägtem Krankheitsbilde der Nasendiphtherie die Mazeration der Umgebung des Naseneinganges, die erschwerte Nasenatmung besonders bei Nacht und eine nicht geringe Temperatursteigerung bis zu 39°.

Schnüffeln und blutig-seröser Nasenfluß bei sehr jungen Säuglingen, also vor dem diphtheriefähigen Alter, spricht in erster Reihe für kongenitale Lues, deren ein Symptom eben die luetische Rhinitis ist.

Die katarrhalische Rhinitis hat immer ein rein seröses oder serös-schleimiges oder serös-eitriges, also weißes oder gelbes Sekret.

Einseitige Nasensekretion ist in jedem Falle auf einen eingedrungenen oder eingeführten Fremdkörper suspekt. Die Sekretion ist dabei reichlich eitrig und übelriechend. Die Anamnese läßt oft im Stiche und so muß die allenfalls fachärztliche Spiegelung der Nasenhöhle die Frage entscheiden.

Die Rhinitis skrophulöser Kinder ist nie das einzige Symptom der Skrophulose; es gehören noch zum Bilde die Conjunctivitis (lymphatica), die Schwellung und Verdickung der Oberlippe, dann Lymphadenitiden und der chronische Charakter des Prozesses.

4. Die postdiphtherischen Lähmungen.

Lähmungen infolge von Diphtherie setzen erst im fieberfreien Stadium ein, was sie von der spinalen Kinderlähmung unterscheidet. Außerdem sind nur sie in erster Reihe an das Gaumensegel und die Augenmuskeln geknüpft; daher ist jede periphere Lähmung, bei der nasale Sprache und Regurgitieren der

Flüssigkeit durch die Nase oder aber Strabismus und Akkommodationsstörung besteht, mit größter Wahrscheinlichkeit als postdiphtherisch zu bezeichnen.

D. Die Therapie der Diphtherie.

Die Therapie der Diphtherie besteht in der rechtzeitigen, das heißt frühzeitigen Injektion einer wirksamen Menge des antitoxischen Serums. Alles andere, auch die operative Hilfe bei Larynxstenose sind nur mehr oder minder wertvolle unterstützende Maßnahmen. Die segensreichen Wirkungen der grandiosen Entdeckung B e h r i n g s vermag zur Gänze wohl nur noch der zu würdigen, der den Verlauf der Diphtherie in der Vorserumzeit kennt und der noch heute an Diphtherieabteilungen zu arbeiten Gelegenheit hat. Allerdings gewährleistet nur die regelrechte Anwendung dieses kostbaren Heilmittels den therapeutischen Erfolg. Und so sei denn an die Spitze unserer Ausführungen das von Jochmann auf die Serumtherapie angewendete Wort gestellt: „Bis dat, qui cito dat." Es ist unerläßlich, daß allsogleich, wenn eine Erkrankung als Diphtherie erkannt oder auch nur mit hohem Grade von Wahrscheinlichkeit als Diphtherie angesehen wird, die g e s a m t e dem Fall entsprechende Dosis injiziert wird. Wenn die zur Injektion notwendigen Antitoxinmengen in einer einzigen Ampulle nicht vorrätig sind, so können und müssen ohneweiters zwei Ampullen einer schwächeren Dosierung gleichzeitig zur Injektion verwendet werden. Es wäre geradezu sinnlos, zuerst einen Versuch mit einer kleinen Dosis zu machen und allenfalls am nächsten Tage nachzuspritzen. Denn das antitoxische Serum neutralisiert nur das noch im Körper kreisende, von den Bazillen eben gebildete Gift, nicht aber das schon an die Zellen gebundene, so daß es beispielsweise einen Herzmuskel nicht mehr entgiften kann, wenn die Toxine bereits an seinen Zellen haften. Die Menge der Antitoxine muß zureichen, einen Anstieg der Toxine zu größerer Höhe, geschweige denn zur letalen Dosis, zu verhindern. Überdies kommt ja das Serum erst nach etwa 24 (bis 36) Stunden zur sichtbaren Wirkung auf den lokalen Prozeß, so daß ein Verzetteln der Dosis auf mehrere Tage wertlos ist, weil gleichbedeutend mit der einmaligen Injektion der zuerst verabreichten unwirksamen Dosis. Also: Gleich injizieren und gleich die volle Menge anwenden; keine Experimente mit kleinen Dosen!

Die Injektion des Heilserums wird vielfach subkutan in die untere Brust- und Bauchgegend gemacht; es ist aber zweifellos besser, das Serum nicht subkutan, sondern intramuskulär zu machen, und zwar in die Muskulatur der Vorderseite des Oberschenkels; man kann aber auch in die Glutealmuskulatur injizieren. Zweckmäßigerweise verwende man zu der Injektion dicke Nadeln, da das Serum sehr viskös ist; die Nadelspitze soll sehr scharf sein. Das Kind muß dabei sehr gut gehalten werden, um ein Abbrechen der Nadel bei plötzlichen Bewegungen während der Injektion zu verhüten. Zu diesem Zwecke stellt sich der Arzt auf die rechte Seite, die Mutter oder Pflegerin auf die linke Seite des Bettes. Und nun faßt die Hilfsperson mit ihrer rechten Hand die auf der Brust gekreuzten Hände des Kindes, mit ihrer linken stützt sie sich kräftig auf die aneinanderliegenden Kniee des Patienten. Der Arzt reinigt die Injektionsstelle mit Benzin und Jodtinktur und sticht sehr rasch tief in den Muskel ein und injiziert dann sehr langsam das Serum aus der bereits vorbereiteten (das ist vorher ausgekochten und dann mit der entsprechenden Menge des Heilserums gefüllten) Spritze. Ein kleiner Heftpflasterverband deckt die Injektionsstelle. Nicht selten stellen sich im Bereiche der Injektion Schmerzen, auch Schwellungen ein, die kurz nach der Einspritzung beginnen und einen Tag, längstens zwei Tage andauern. Ein Burow-Umschlag vermag sie zu lindern.

In dringenden Fällen, also bei Krupp, bei schweren oder malignen Formen und schließlich immer, wenn schon mehr als drei Tage seit dem Beginne der Krankheit verstrichen sind, ist es zweckmäßig die Hälfte der beabsichtigten Serumdosis intravenös, die andere intramuskulär zu injizieren. Zum Zwecke der intravenösen Injektion muß das Serum zuvor auf Körpertemperatur erwärmt werden — durch Einstellen der das Serum enthaltenden Ampulle in warmes Wasser — und die Einspritzung muß ganz langsam erfolgen, um Schockwirkungen zu vermeiden. Jedenfalls verbleibe der Arzt noch etwa eine halbe Stunde nachher am Krankenbette und halte sich bereit, eine Adrenalin- (0·3 bis 0·5 mg), Koffein- (0·1) oder Kampferölinjektion zu machen.

Für die Außenpraxis scheinen sich die „Serülen" der Behringwerke zu bewähren. Es sind dies Ampullen, an die die Nadel angeschmolzen ist und aus denen das Serum nach erfolgtem Einstiche spontan (unter dem Drucke von komprimierter Luft) ausgetrieben wird. Sie ersparen die Mitnahme und das Auskochen von Spritze und Nadel.

Bezüglich der D o s i e r u n g des Serums muß recht energisch mit überholten früheren Anschauungen aufgeräumt werden. Müssen wir uns doch nur allzu oft überzeugen, daß Kranke mit unwirksamen Dosen injiziert wurden, sei es aus mangelnder Kenntnis des Arztes, sei es aus Furcht vor einer zu großer Menge von Serum oder aber auch wegen der hohen Kosten. Was die zu große Menge des Serums betrifft, so muß gesagt werden, daß der Gehalt an Antitoxineinheiten für etwaige Nebenwirkungen des artfremden Serums gänzlich belanglos ist. Die Antitoxine sind vollkommen ungiftig. Übrigens ermöglicht es die moderne Herstellung von konzentrierten Seren, daß man auch bei den größten Serumdosen eigentlich nie mehr als zehn Kubikzentimeter Serum auf einmal injizieren muß. Der hohe Preis dieses Heilmittels ist allerdings ein arger Mißstand und hier wäre dringendst Abhilfe zu schaffen, sei es durch allgemeine Verbilligung oder durch unentgeltliche Abgabe, wie es da und dort in Epidemiezeiten auch geschieht.

Von Schick stammen sehr aufschlußreiche und exakte Untersuchungen über die Dosierung des Serums. Er kommt zu dem Ergebnisse, daß je nach Schwere des Falles pro Kilogramm Körpergewicht 100 bis 500 Antitoxineinheiten (A. E.) zu injizieren sind. Das entspräche also beispielsweise bei einem 20 Kilogramm schweren Kinde einer Menge von 2000 bis 10 000 A. E. Eine höhere Dosis ist zwecklos. Nun ist allerdings der Spielraum von 2000 zu 10 000 A. E. doch recht groß und gibt bei aller experimentell wohl begründeten Richtigkeit keinen allgemein brauchbaren Anhaltspunkt für das jeweilige therapeutische Vorgehen. Wir sind daher eher geneigt, ein zwar weniger exaktes, aber praktikableres S c h e m a d e r S e r u m a n w e n d u n g zu empfehlen:

In keinem Falle injiziere man weniger als . . . . 3 000 A. E.
Bei Nasen- oder bei Conjunktivaldiphtherie . . . . 3 000 A. E.
Bei Tonsillardiphtherie . . . . 4 000 A. E.
Bei Hautdiphtherie . . . . 5 000 A. E.
Bei reinfibrinöser Rachendiphtherie, auch ohne Beteiligung
    der Nase . . . . 6 000 A. E.
Bei schwerer Rachendiphtherie . . . . 8 000 bis 10 000 A. E.
Bei Krupp oder Kruppverdacht . . . . 10 000 A. E.
Bei maligner Diphtherie . . . . 15 000 bis 20 000 A. E.

Stellt sich am Tage nach der Seruminjektion heraus, daß — nach obigem Schema — inzwischen der nächsthöhere Grad von Diphtherie erreicht wurde, dann zögere man nicht, noch die entsprechende Dosis nachzuspritzen. Bei den großen Dosen von 10 000 bis 15 000 A. E. und bei schweren Fällen, wo eine rascheste Wirkung erwünscht ist, ist es zweckmäßig, die eine Hälfte des Serums intramuskulär und die andere Hälfte intravenös zu injizieren. Es soll jedoch schon bei der ersten Injektion berücksichtigt werden, daß die Serumwirkung nicht vor 24 Stunden zu erwarten ist, nur bei intravenöser Verabfolgung schon nach der halben Zeit.

Jeder Diphtheriekranke gehört ins Bett, auch in leichten Fällen für zumindest 10 Tage. In schweren Fällen entscheidet der Zustand des Herzens und des Kreislaufsystems; doch sei eher zu lange als zu kurze Bettruhe empfohlen. Günstig wirkt auf die Rachenerkrankung frische, feuchte Luft. Man sorge also für Offenhalten der Fenster oder zumindest häufige Lüftung, weiters für Durchfeuchtung der Luft mittels eines Inhalierapparates oder durch Aufhängen nasser Tücher in der Umgebung des Bettes. Größere Kranke oder Erwachsene sollen etwa stündlich mit Wasserstoffsuperoxyd (1 Eßlöffel auf ein Glas Wasser) gurgeln, vor allem bei den Mischformen zur Beseitigung des üblen Mundgeruches. Bei stärkerer Drüsenschwellung am Halse werden feuchte Umschläge angewendet; unter Umständen kann man ,eine Eiskravatte geben. Trotz der geringen Schluckschmerzen empfiehlt es sich in den ersten Tagen eine vorwiegend breiige und flüssige Nahrung zu reichen; stärker gesüßte Milch oder Kaffee, Milchspeisen, Kartoffelpüree, Kompott, auch Suppe, Eier, dann Gemüse, Omletten und dergleichen; außerdem viel Fruchtsäfte bei stärkerem Durstgefühle. Säuglinge trinken manchmal schlecht, wenn sie Diphtherie haben, namentlich bei Nasendiphtherie; dann ist die Fütterung mit konzentrierter Nahrung zu empfehlen, also Milch mit 10 bis 17% Zucker angereichert, Griesbrei mit stärkerem Butterzusatze. Eine Schonungskost aus Sorge wegen der Entstehung einer Nephrose ist überflüssig und wirkungslos.

M a l i g n e D i p h t h e r i e n gehören unbedingt ins Spital. Bedürfen sie doch hoher Serumdosen, einer ständigen ärztlichen Überwachung und besonders sorgfältiger Pflege. Jede unnütze Bewegung muß vermieden werden, jede Anstrengung unterbleiben. Durch Abführmittel und vorsichtige Einläufe soll für leichte Stuhlentleerung gesorgt werden. Gurgeln ist (physisch) unmöglich; auch Spülungen sind nicht zu empfehlen, da sich die Kranken dagegen wehren. So hilft man sich durch häufiges Trinkenlassen von Limonade oder Tee. Über die D o s i e r u n g d e s S e r u m s bei maligner Diphtherie schwanken die Angaben' zwischen 10 — 200 Tausend A. E., doch müssen wir zugeben, daß auch die gigantischen Dosen nicht mehr leisten als etwa 20 000 A. E. Seit zwei Jahrzehnten verwendet Leiner gleichzeitig Streptokokkenserum, ohne an einen Erfolg glauben zu können; auch die günstigeren Berichte Finkelsteins über diese gemischte Therapie konnten uns trotz neuerlicher Nachprüfung nicht umstimmen. Salvarsan, hypertonische Traubenzuckerlösung, Bluttransfusion, Haberlandtsches Herzhormon, Diphtherieantivirus, Atropin, Adrenalin sind alles verlassene Etappen auf dem Leidensweg einer wirksamen Therapie der malignen Diphtherie. Die Rekonvaleszenz einzelner doch geheilter solcher Fälle dauert monatelang, die Schonung des Herzens soll sich über Jahre erstrecken.

Auch eine L a r y n x d i p h t h e r i e wird der Praktiker nur ungern und nur bei leichten Graden im Privathause belassen. Hier ist vor allem die Frischlufttherapie wichtig. Für Durchfeuchtung der Luft sorgt ein Inhalierapparat oder als improvisierte Maßnahme eine Dampferzeugung durch Eintauchen erhitzter Ziegel in kaltes Wasser; am wenigsten nützen aufgehängte nasse Tücher. Wickel sind besonders bei fiebernden Kranken angezeigt, da mit der Temperatursenkung auch allgemeine Beruhigung und freiere Atmung einhergeht; sie werden als Brustwickel dreimal in $^1/_2$ stündigen Intervallen angelegt und der letzte bleibt dann etwa drei Stunden liegen. Das Kind soll viel herumgetragen werden und durch Spielen und Geschichtenerzählen von seiner Atemnot abgelenkt werden. Gegen den Hustenreiz sind Exspektorantia begreiflicherweise ohne Wirkung. In reichlichem Maße soll aber von Beruhigungsmitteln zur Verringerung der Aufregung und Linderung der Atemnot Gebrauch gemacht werden: Kodein 0·005 — 0·01, dreimal täglich; außerdem Luminal, soviele Zentigramme als das Kind Jahre zählt, jedoch nicht über 0·1 pro dosi, ebenfalls drei- bis viermal des Tages; oder Brom und Urethan aa 0·5 bis 1·0 pro dosi, alle ein bis zwei Stunden. In schweren Fällen soll unbedingt zur Morphiumspritze gegriffen werden und 0·005 bis 0·01 injiziert werden; das ist jedoch die letzte Maßnahme vor der Überführung ins Spital oder vor dem operativen Eingriff; dieser darf aber nicht zu lange hinausgeschoben werden. Als Indikation diene: Hochgradige Einziehungen am unteren Sternalende bei jedem Inspirium oder ein auch nur einmaliger schwerer Anfall von Asphyxie ohne anschließende entscheidende Besserung oder schlechter Puls bei noch geringer Atemnot.

In erster Reihe wäre ein solches Kind zu intubieren. Aus dem Buche kann die von O' D w y e r angegebene I n t u b a t i o n wohl niemals erlernt werden. Wer sie nicht am Lebenden oder wenigstens am Phantome unter Anleitung vielfach geübt hat, muß auf ihre Anwendung verzichten. Ein intubiertes Kind muß auch bei vollständig beseitigter Atemnot sofort mit liegendem Tubus vom Arzte ins Spital gebracht werden; kann doch durch Aushusten oder Verstopfen des Tubus eine augenblicklich hilfeheischende Verschlechterung eintreten. — Kommt die Intubation nicht in Frage, dann muß tracheotomiert werden, in ganz dringenden Fällen muß sogar als Nottracheotomie die K o n i o t o m i e (das ist die quere, etwa drei Zentimeter lange Durchschneidung des zwischen unterem Rande des Schildknorpels und dem oberem Rande der vordern Platte des Ringknorpels eingeschalteten Ligamentum conicum sive cricothyreoideum medium) die schwierigere T r a c h e o t o m i e ersetzen; die Kanäle oder zur Not ein stärkeres Drainrohr kann in die Öffnung unschwer eingeführt werden. Darüber finden sich Anleitungen in den Lehrbüchern der Chirurgie.

Nochmals sei auch an dieser Stelle erwähnt, daß bei beginnendem M a s e r n k r u p p die sofortige Injektion von 10 000 A. E., wovon die Hälfte zweckmäßig intravenös gegeben wird, die Regel sein muß.

Der P s e u d o k r u p p wird durch heiße Umschläge auf den Hals, Trinken von heißer Flüssigkeit, Inhalation von heißem Wasserdampf und leichtere Sedativa, beispielsweise Brom geheilt; nur ganz ausnahmsweise erheischt die Atemnot Hilfe durch eine Intubation.

Die N a s e n d i p h t h e r i e gilt als langdauernd und durch Serum allein schwer beeinflußbar. Deshalb wird auch eine Lokalbehandlung der erkrankten Schleimhaut empfohlen. Wir verwenden Pinselungen der Nase mit 40%iger Zuckerlösung oder mit 2%iger wässriger Trypaflavinlösung. Die Umgebung der Nase ist mit 2%iger gelber Präzipitatsalbe einzufetten.

Die D i p h t h e r i e d e r C o n j u n c t i v a heilt unter Serumtherapie allein. Lokal werden nur Borwasserwaschungen vorgenommen. In schweren Fällen soll sich das zweimal täglich durchgeführte Einstauben von Diphtherie-Trockenserum bewährt haben.

Bei H a u t d i p h t h e r i e werden außer der Seruminjektion lokal Umschläge mit Wasserstoffsuperoxyd, neuerdings auch mit 1%iger Rivanollösung empfohlen.

Besondere Beachtung muß die T h e r a p i e d e r Z i r k u l a t i o n s s c h w ä c h e finden. Bei bloßer Bradykardie und Arythmie ohne Herzerweiterung und Blutdrucksenkung ist eine spezielle Therapie kaum erforderlich. Doch geben auch wir täglich eine Pille enthaltend 0·00025 (= ¹/₄ Milligramm) Strychninum nitricum und 0·05 Chininum sulfuricum. (Rp. Strychn. nitr. 0·01, Chin. sulf. 2·0, Mass. pil. q. s. ut fiant pil. No, XL. D. S. 1 — 2 Pillen täglich). Für die Dauer der Pulsveränderungen sehen wir auf strenge B e t t r u·h e; doch ist die bloße Arythmie bei bereits normal gewordener Pulsfrequenz keine Indikation mehr, das ansonsten gesunde Kind dauernd im Bette zu halten.

Bei gleichzeitiger Herzdilatation und Blutdrucksenkung verwenden wir zunächst die peroral wirksamen Kampferpräparate Cardiazol oder Coramin, ein bis zweistündlich 0·05 bis 0·1, das ist ¹/₂ bis 1 Originaltablette oder 10 bis 20 Tropfen der Originallösung von Cardiazol, dagegen 30 — 50 Tropfen von Coramin. Täglich einmal Strychninum nitricum 0·0003 (= ³/₁₀ Milligramm), subkutan; wiederholte Injektionen von Coffein und Kampfer jedesmal mit einem Zusatze von 0·0002 (= ²/₁₀ Milligramm) Adrenalin. Die Digitalispräparate werden im allgemeinen wegen der schlechten Beschaffenheit des Herzmuskels gemieden. Um die Adrenalinwirkung ausgiebiger zu gestalten, werden zwei- bis dreimal täglich subkutane Infusionen von 150 Kubikzentimetern physiologischer Kochsalzlösung mit zwei Kubikzentimetern Adrenalin vorgenommen. Zur Behebung der Blutdrucksenkung wäre ein Versuch mit Ephetonin zu machen (sechsmal täglich ¹/₄ bis ¹/₂ Tablette). Zur Verringerung des quälenden und erschöpfenden Erbrechens eignet sich das Chloretonpräparat Nautisan, wovon täglich vier- bis fünfmal 0·2 bis 0·4 als Suppositorium zu geben wäre.

Die p o s t d i p h t h e r i s c h e n L ä h m u n g e n erfordern in der Regel keine besondere Therapie. Von mancher Seite werden allerdings Injektionen mit hohen Serumdosen empfohlen (an zwei aufeinander folgenden Tagen je 20 000 A. E), doch glauben wir nicht an ihren Effekt in diesem späten Stadium. Nicht ungern wird jedoch Tinctura Strychni verordnet, so viele Tropfen pro die, als das Kind Jahre zählt. Dauern die Paresen länger als 14 Tage ohne Besserung, dann wäre mit Elektrotherapie, also Galvanisation und Faradisation zu beginnen. Wichtig ist, daß bei Schlucklähmung die Ernährung sehr langsam und vorsichtig erfolgen muß, und daß nur breiige Speisen gegeben werden dürfen. Getränke sind möglichst zu vermeiden, da die Gefahr der Aspiration zu groß ist.

Die N e p h r o s e bedarf keiner Therapie. Nur wenn stärkere Ödembildung und höhere Albuminurie besteht, empfiehlt es sich durch einige Tage kochsalzarme Kost zu verordnen, bis man sich durch Messung der täglichen Harnmenge überzeugt hat, daß die Diurese der Flüssigkeitszufuhr entspricht.

Die Serumkrankheit und die Lehre von der Anaphylaxie.

Aus den Arbeiten von Pirquet und Schick wissen wir, daß die Serumkrankheit eine häufige, jedoch im allgemeinen harmlose Folge der Injektionen von artfremdem Eiweiß ist. Nur einzelne Menschen sind für sie disponiert, zudem hängt ihr Auftreten von der Menge des verwendeten Serums ab. Am achten bis zwölften Tage nach der Injektion kommt es dann zur Bildung eines Exanthems in der Nähe der Einstichstelle und zur Schwellung der regionären Lymphdrüsen. Das Exanthem ist überaus flüchtig, verbreitet sich rasch über den Körper oder über große Partien des Körpers, verschwindet aber ebenso rasch und kommt oft in mehreren Schüben wieder. Ein weiteres Merkmal ist die Vielgestaltigkeit des Exanthems; es kann urtikariell sein, das ist der häufigste Befund; oder es kann einem Erythema multiforme ähneln, ja auch dem Masern- oder Scharlachexanthem ähnlich sein. Als unangenehme Begleiterscheinung besteht oft starker Juckreiz. Mitunter fiebert der Kranke auch, sogar bis zu 40°; auch Schmerzhaftigkeit der Gelenke und Muskeln werden angegeben, jedoch ohne objektiven Befund. Dieser Zustand, der das Allgemeinbefinden kaum stört, dauert ein bis zwei Tage, selten einmal länger. Gegen Masern und Scharlach kann man das Serumexanthem durch das Fehlen von Schleimhauterscheinungen abgrenzen; gegen die Arzneierytheme durch den Beginn an der Injektionsstelle und gegen Erysipel durch das Fehlen der heißen schmerzenden Entzündung. Ein echter Scharlach, der zur Diphtherie hinzukommt, fällt meistens in die Zeit vor dem achten Tage, der für die Serumkrankheit charakteristisch ist.

Durch die erstmalige Injektion von Serum wird der Mensch gegen das Eiweiß des Tieres, von dem das Serum stammt, nach zwölf Tagen überempfindlich. Wird ihm nun nach dieser Zeit neuerdings S e r u m d e r s e l b e n T i e r g a t t u n g injiziert — eine Möglichkeit, die bei der vielfachen Anwendung der Serotherapie jederzeit gegeben ist — dann reagiert er darauf mit einer stärkeren Serumkrankheit, die schon nach einigen Stunden oder wenigen Tagen auftritt, je nachdem, wie lange Zeit seit der Erstinjektion verstrichen ist. Unangenehm sind solche stürmische Reaktionen nur bei Reinjektion innerhalb von etwa sechs Monaten, indem bei schweren Formen auch ein kardialer Kollaps — der

Serumschok — einmal vorkommen kann. Doch auch daraus erholt sich der Kranke so gut wie immer.

Zur Vermeidung dieser anaphylaktischen Reaktion empfiehlt es sich, zu den prophylaktischen — nicht zu den therapeutischen — Injektionen statt Pferdeserums Rinderserum zu verwenden, damit bei einer irgendwann einmal notwendig werdenden therapeutischen Verabfolgung keine künstliche Überempfindlichkeit gegen Pferdeserum besteht. Ist aber eine Reinjektion nicht zu vermeiden, dann soll sie nach Besredkas Anweisung in zwei Etappen erfolgen: Zunächst wird nur ein Kubikzentimeter des Serums, und zwar intramuskulär — intramuskulär ist hier zweckmäßiger als subkutan — injiziert und erst nach drei bis vier Stunden — im sogenannten antianaphylaktischen Stadium — die Hauptmenge, ebenfalls intramuskulär. Niemals darf aber eine Reinjektion intravenös erfolgen.

Eine Rarität ist die angeborene Überempfindlichkeit gegen Serum. Solche Menschen können schon bei der erstmaligen Injektion einen schweren Schock bekommen, wobei auch Todesfälle beobachtet wurden. Doch darf eine solche fernstliegende Eventualität ebenso wenig von der Serumtherapie Abstand nehmen lassen, wie ein Narkosetod die Inhalationsnarkose nicht zu diskreditieren vermag.

Die Serumkrankheit erfordert keine besondere Therapie. Gegen den Juckreiz des Erythems verwenden wir laue Bäder und Trockenpinselung mittels Schüttelmixtur (Menthol 1·0, Zinci oxydati, Talci veneti, Glycerini aa 15·0, Aquae fontis ad 100·0). Bei sehr starkem Juckreize hilft unter Umständen eine subkutane Adrenalininjektion von 0·0003 bis 0·0005 (= 0·3 bis 0·5 Milligramm). Die Gelenksschmerzen sind mit warmen Umschlägen zu behandeln. Länger dauernde Schleimhautschwellungen reagieren günstig auf intravenöse Afenilinjektionen (3·0 bis 5·0). Neuerdings wird zur Kupierung der Serumkrankheit die intramuskuläre Injektion von fünf bis zehn Kubikzentimetern aus der Vene frisch entnommenen Eigenblutes empfohlen. Bei einem Kollapse ist rasch Adrenalin, Strychnin und Kampfer zu geben.

E. Die Prognose der Diphtherie.

Seit der Einführung der Serumtherapie durch Behring (1894), ist die Prognose der Diphtherie von vorneherein — mit Ausnahme der immerhin spärlichen malignen Fälle — günstig. Ihre Abhängigkeit von der Frühdiagnose und von der rechtzeitigen und hinreichenden Therapie bedarf keiner besonderen

Besprechung. Und so muß unter den Momenten, die die Prognose verschlechtern, in erster Reihe auf die Vernachlässigung eines Krankheitsfalles hingewiesen werden. Jeder Diphtheriekranke, der erst nach dem vierten bis fünften Krankheitstage Serum erhält, ist als prognostisch unsicher zu betrachten, weil der Prozeß zu dieser Zeit schon in den absteigenden Luftwegen festgesetzt sein kann; zudem besteht jederzeit die Möglichkeit eines plötzlichen Herztodes. Einige Reserve in der Voraussage erfordert weiters die Diphtherie im Säuglingsalter, weil zu dieser Zeit die Gefahr einer Komplikation mit Krupp und Pneumonie gegeben ist. Die malignen Fälle sind fast durchaus infaust. Nur wenn auch bei schwersten Lokal- und Allgemeinerscheinungen der Puls weder sonderlich beschleunigt, vor allem aber nicht stärker verlangsamt wird, kann die Wendung zum Bösen ausbleiben.

F. Die individuelle und die allgemeine Prophylaxe der Diphtherie.

Tritt in einer Familie ein Diphtheriefall auf, so hat der Arzt — selbstverständlich abgesehen von seiner diagnostischen Leistung und von den therapeutischen Vorkehrungen — die gesetzlich vorgeschriebene Infektionsanzeige an den Amtsarzt zu erstatten. Der Kranke und sein Pfleger müssen in einem Zimmer oder Trakte isoliert werden und dürfen mit den übrigen Familienmitgliedern durch drei Wochen nicht in Berührung kommen. Erwachsene Familienangehörige, die ihrem Berufe weiter nachgehen müssen, sollen womöglich während dieser Zeit außer Hause untergebracht werden. Kinder unter 15 Jahren dürfen, wenn sie zu Hause wohnen bleiben, während dieser drei Wochen die Schule nicht besuchen, mit anderen Kindern nicht in Berührung kommen und keinesfalls — bei sonstiger allfälliger zivilrechtlicher Haftung des Arztes — etwa in einem Kinderheime, Erholungsheime oder dergleichen untergebracht werden. Sind sie außer Hause einquartiert worden, etwa bei Verwandten, so dürfen sie erst eine Woche, nachdem sie aus der Umgebung des Kranken entfernt worden waren, mit Bewilligung des Amtsarztes zur Schule gehen. Das gilt auch für Kinder, die Diphtherie schon einmal überstanden haben, da die Möglichkeit einer mehrmaligen Erkrankung besteht. Nach Ablauf von 14 Tagen sind die Wohnung oder wenigstens die Räume, in denen sich der Kranke, noch bevor er isoliert worden war, aufgehalten hat, selbstverständlich auch das Krankenzimmer, zu desinfizieren, ebenso seine Kleider, Wäsche, Bücher und Spielsachen.

Und nun erhebt sich die Frage: Sollen die G e s c h w i s t e r, soweit sie noch keine Diphtherie gehabt haben, durch eine p r o - p h y l a k t i s c h e   S e r u m d o s i s   vor der Erkrankung ge- schützt werden? Die Immunisierung geschieht durch intramusku- läre Injektion von 500 A. E. Diphtherieserum, wenn möglich Rinderserum. Der Schutz vor einer Infektion oder Diphtherie- Erkrankung hält drei bis vier Wochen an. Unbedingt muß immuni- siert werden, wenn der erste Diphtheriefall schwer oder gar malingen ist, da eine familiäre Disposition für solche Formen bekannt ist. Des weiteren empfiehlt sich die Immunisierung, wenn die Familie entlegen wohnt und ärztliche Hilfe nur schwer zu erreichen ist. Sonst dürfte es genügen, wenn die Geschwister durch eine Woche hindurch täglich gewissenhaft im Rachen be- sichtigt werden. Das können unter Umständen die Eltern selbst tun, wenn sie genügend geschickt und intelligent sind, sonst ist es wohl Sache des Arztes; dabei ist aber zu berücksichtigen, daß jeder auch wenig charakterische Belag bei einem Menschen aus der Umgebung eines Diphtheriekranken unbedingt als Diphtherie aufzufassen ist.

Etwas anders liegen die Dinge, wenn in geschlossenen An- stalten (Waisenhäusern, Pensionaten, Erholungsheimen, Heil- stätten, Ferienkolonien, unter Umständen auch in Schulen, Kinder- gärten, Tagesheimstätten) Diphtherie auftritt. Nach dem ersten Falle mag es genügen, die Kinder der nächsten Umgebung des Kranken für eine Woche zu isolieren. Bei gehäuftem Auftreten je- doch muß die Epidemie systematisch bekämpft werden. Man könnte ja alle Kinder durch 500 A. E. Rinderschutzserum immuni- sieren. Doch erübrigt es sich, alle Kinder zu immunisieren, da nicht alle diphtherieempfänglich sind. So sollen zunächst die gegen Diphtherie Immunen ermittelt werden und dies geschieht mittels der S c h i c k s c h e n   R e a k t i o n.   Es wird von den Serum- instituten Diphtheriegift zu diagnostischen Zwecken vertrieben. Es ist nur im konzentrierten Zustande haltbar und muß vorerst in dem auf der Ampulle verzeichneten Maße mit sterilem Wasser v e r d ü n n t   werden. Von diesem verdünnten Toxin wird nun 0·1 Kubikzentimeter i n t r a k u t a n   an der Innenseite des Vorder- armes injiziert. Die Reaktion wird nach 48 Stunden abgelesen. Wer gegen Diphtherie immun ist, also in seinem Körper Anti- toxine hat, bei dem vermag das Toxin keine Reaktion auszulösen: an der Einstichstelle ist nichts zu sehen. Bei Diphtherieempfäng- lichen hingegen entsteht eine rote oder bräunlichrote Quaddel, die als Pigmentfleck noch einige Zeit später zu sehen ist. Die nach Schick negativ reagierenden Kinder müssen also nicht immunisiert werden, da sie nicht erkranken können; die nach Schick Positiven sind aber mit der prophylaktischen Serumdosis zu versorgen. Die Vornahme der Schick-Reaktion ist bei regelrechter Verdünnung des Toxins vollkommen ungefährlich. — Ist aber die Infektionsquelle in einer solchen Anstalt nicht zu ermitteln, dann müßten überdies von allen Insassen (Kindern wie Erwachsenen) die Bazillenträger durch Anlegung von Kulturen aus dem Rachen und der Nase eruiert werden. Bazillenträger sind aber schwer zu sterilisieren. Eine Lokalbehandlung ist wirkungslos. Sie auf Diphtheriestationen zu legen, ist widersinnig, da sie dort nur noch mehr Bazillen aufnehmen können. So ist es am besten, sie von Kindern fernzuhalten und abzuwarten, bis sie durch ausgiebigen Aufenthalt in frischer Luft von selbst bazillenfrei werden.

Es gibt nun noch ein Impfverfahren, durch das nicht nur wie bei der Injektion einer prophylaktischen Serumdosis (also bei der passiven Immunisierung) ein ganz kurzdauernder Schutz vor der Erkrankung an Diphtherie geschaffen wird, sondern eine mehrjährige Immunität. Das ist die a k t i v e I m m u n i s i e r u n g mittels überneutralisierter Toxin-Antitoxingemische nach Behring oder mittels Anatoxinen oder Toxoiden (durch Erwärmen und Formolzusatz abgeschwächten Toxinen) nach Ramon. Würden nach einer dieser Methoden alle Kinder vom sechsten Monate an immunisiert werden, dann könnte die Diphtherie wohl ebenso ausgerottet werden, wie in allen Kulturstaaten die Blattern. In manchen Ländern geschieht dies bereits in großem Maßstabe, in andern aber hindern üble Zwischenfälle, die sich in der Erprobungszeit der neuen Impfstoffe ereignet haben, sowie auch der milde Charakter der Endemie ihre generelle Anwendung. Dort, wo die strategischen Methoden der obersten Sanitätsbehörden oder der Druck einer schweren Epidemie die Vornahme solcher aktiver Immunisierungen erlauben, sind die Impfstoffe in den Serum-Instituten erhältlich und mit eingehenden Beschreibungen versehen. Vielleicht werden noch weitere Vervollkommnungen dieser Methode sie in die Hand jedes Arztes geben.

Schließlich möchten wir noch vor der Vornahme von Tonsillektomien in Zeiten schwerer Diphtherieepidemien abraten, da dadurch weite Eintrittspforten für Diphtheriebazillen geschaffen werden. Wo sie aber unaufschiebbar sind, möge nach der Operation eine prophylaktische Seruminjektion gemacht werden.

II. Die Angina bei Infektionskrankheiten.

1. Die Angina bei Scharlach.

Zur Scharlachdiagnose gehören klinisch neben dem Fieber und Erbrechen noch zwei der Krankheit eigene Symptome: Die Angina und das Exanthem.

Die A n g i n a ist eines der Initialsymptome; bevor noch das Exanthem zum Ausbruche kommt, meistens gleichzeitig mit dem Erbrechen und der Temperatursteigerung zeigen sich Veränderungen im Halse, die an und für sich den Verdacht einer einsetzenden Scharlacherkrankung erwecken können. Die Inspektion des Halses ergibt eine auffallende Röte der ganzen Rachengebilde, der weiche Gaumen ist fleckig oder oft auch bereits am ersten Krankheitstage diffus gerötet, ebenso a u c h d i e U v u l a; die Tonsillen sind geschwollen und intensiv rot. Die flammende Röte der Rachengebilde ist ganz auffallend, desgleichen das s c h a r f e A b s e t z e n gegen den harten Gaumen. Die Tonsillen können belagfrei sein oder es sind leichte oberflächliche Epitheltrübungen vorhanden, die die Tonsillenoberfläche stellenweise graurötlich erscheinen lassen. Auch die Wangenschleimhaut kann aufgelockert sein mit deutlichem Hervortreten der körnig geschwollenen Schleimdrüsen. Die Zunge ist dick belegt, von weißer Farbe, nur die Ränder und die Zungenspitze sind belagfrei und heben sich von dem weißen Belage durch die lebhaft rote Farbe ab. Die Halsdrüsen sind meistens leicht geschwollen. Die Temperatur schwankt zwischen 38° und 40°. In gar nicht wenigen Fällen bleibt es auch in den nächsten Tagen zur Zeit des Auftretens des Scharlachexanthems bei diesen leichten Halserscheinungen. Am dritten Erkrankungstage kommt es dann meistens zur Abstoßung des Zungenbelages, die lebhaft rote Zungenoberfläche mit den geschwollenen Papillen fällt jetzt besonders auf (Himbeerzunge). Preisich hält diese Form der Angina für den reinen komplikationslosen Scharlach, der nach mehreren Tagen oft unter kritischem Temperaturabfall rasch abheilt.

Diese Scharlachformen sind nach ihrem Bilde als leicht zu bezeichnen, doch können auch bei ihnen genau wie bei jeder anderen Form in der dritten Woche Nachkrankheiten, Erscheinungen d e s z w e i t e n K r a n k s e i n s (Pospischill, Weiß) auftreten.

Es soll nicht unerwähnt bleiben, daß es auch Fälle gibt, allerdings recht selten, die trotz dieser leichten Veränderungen im Rachen zu den schwersten toxischen Erscheinungen führen und innerhalb von wenigen Tagen zum Exitus kommen. Schick bezeichnet diese Form als „toxischen Scharlach", bei dem gewöhnlich Störungen von seiten des Nervensystems, wie Unruhe, Somnolenz, Benommenheit, Konvulsionen und von seiten des Gefäßsystems Zyanose der peripheren Körperteile, fliegender Puls, Herzdilatation in den Vordergrund treten.

a) Angina lacunaris scarlatinae.

Bei den meisten Scharlach-Epidemien sehen wir neben der charakteristischen Röte des Rachens B e l ä g e a u f d e n T o ns i l l e n, die oft rein lakunär in Form von gelblichweißen, schmierigen Auflagerungen angeordnet sind, nicht selten aber auch größere Plaques bilden, die für den ersten Moment an Diphtherie erinnern können, sich aber durch ihre schmierige Beschaffenheit und ihre gelblichweiße Farbe schon klinisch von den grauweißen Diphtheriemembranen unterscheiden. Immerhin empfiehlt sich in solchen Fällen, wenn möglich, eine mikroskopische und nötigenfalls auch kulturelle Untersuchung, da ja die Scharlachangina mit echter Diphtherie kombiniert sein kann. Unter dem Mikroskop sieht man beim Scharlach zahlreiche Epithelien und Leukozyten und ein Gemenge von Bakterien mit Überwiegen von in Gruppen und Ketten gelagerten Kokken. Lange Kettenkokken sprechen für Streptokokken. Liegt eine Mischform mit Diphtherie vor, so fällt im gefärbten Präparat oft neben den Eiterkörperchen ein Fibrinnetz auf mit in Nestern liegenden kurzen Stäbchen (Diphtheriebazillen). Selbstverständlich kann die sichere Diagnose eigentlich nur kulturell gestellt werden.

Bei den Formen mit lakunären konfluierenden Belägen tritt die Schwellung und Rötung der Rachengebilde oft noch stärker hervor als bei den Fällen ohne Beläge. Die Schwellung des weichen Gaumens kann manchmal so hochgradig sein, daß man an eine Angina phlegmonosa denken muß. Die subjektiven Beschwerden treten mehr hervor, die Kinder klagen über Halsschmerzen und Schluckbeschwerden. Durch Mitbeteiligung des Nasenrachenraumes an der Entzündung können sich auch leichte Atembeschwerden einstellen, die Sprache ist gaumig.

Der Verlauf dieser Fälle unterscheidet sich von den leichten Formen ohne Beläge oft nur dadurch, daß die Krankheitsdauer etwas verlängert ist und das erste Kranksein zumeist mit dem Abklingen der Angina beendet ist.

b) Angina necroticans.

Es ist nun aber möglich, daß diese lakunäre Angina in jene Form übergeht, die ausschließlich der Scharlacherkrankung eigen ist und die wegen ihres klinischen Aussehens als Angina necroticans (Diphtheroid Heubner) bezeichnet wird. Sie kann sich auch ohne lakunäres Vorstadium primär entwickeln. Während beim normalen Krankheitsablaufe gewöhnlich am dritten oder vierten Tag die Temperatur rasch abfällt oder wenigstens eine deutliche Tendenz zum Abstiege zeigt, kommt es hier gerade um diese Zeit zu einer Verschlechterung des Befindens. Die Kinder klagen über heftige Halsschmerzen, die Nahrungsaufnahme ist erschwert, die Drüsen am Halse treten meistens als kleinapfelgroße Tumoren hervor und sind bei Berührung schmerzhaft. Die Untersuchung des Halses ergibt neben der intensiven Rötung und Schwellung der Schleimhaut konfluierende Beläge auf den Tonsillen von grauweißlicher Farbe. Dabei ist bei genauer Beobachtung auffallend, daß die Beläge stellenweise ganz zarte, graue Membranen bilden, durch die die gerötete Schleimhaut durchscheint. Die Beläge sind nicht wie bei der Diphtherie erhaben über die umgebende Schleimhaut, sondern mehr im Niveau der Schleimhaut oder sogar etwas tiefer, was besonders an den Randpartien hervortritt. Die Randstellen sehen wie zernagt oder gefranst aus. Diese Beläge beschränken sich nicht auf die Tonsillen, sondern gehen im weiteren Verlaufe auf die Uvula und die Gaumenbogen über. Es liegen hier aber nicht membranöse Auflagerungen, sondern Gewebsnekrosen (Koagulationsnekrose) vor, was für den Scharlach geradezu pathognomonisch ist. Nicht selten kommt es zu leichten Substanzverlusten des Gewebes und später zur narbigen Abheilung an dieser Stelle. Die Prognose dieser Fälle ist noch nicht ungünstig, doch müssen wir sie als schwerere Formen ansehen. Die Abheilung zieht sich in die Länge und dauert in günstigem Falle 10 bis 14 Tage. Bei einer ganzen Anzahl derartiger Fälle sieht man als Komplikation Peritonsillarabszesse auftreten, deren Häufigkeit bei den verschiedenen Epidemien wechselt. Auch zur Suppuration der Halslymphdrüsen kann es gelegentlich kommen; diese leitet sich gewöhnlich durch stärkere Anschwellung einer oder auch beider Seiten mit Rötung der Haut ein.

Die Häufigkeit der Angina necroticans bedingt nicht nur die Schwere des Krankheitsbildes, sondern auch die Schwere der Epidemie. Denn neben dem geschilderten Verlauf kommen dann auch Fälle vor, bei denen die Nekrose auch das tiefere Gewebe ergreift und zu oberflächlichen und tiefen, mitunter recht ausgebreiteten Geschwüren führt, die selbst auch zur Arrosion von Blutgefäßen Anlaß geben können. Geschwüriger Zerfall des Gewebes kann auch im Nasenrachenraum, an der Wangenschleimhaut, an den

Kiefern auftreten. Seröseitriger Nasen- und Speichelfluß ist fast immer vorhanden, ebenso starker Foetor ex ore. Auf der Haut der Lippen und des Kinnes kommt es durch Kontakt mit den Sekreten zu follikulären und ekthymaartigen nekrotischen Geschwüren.

Bei den schwersten Fällen der Scharlachangina, der „p e s t - ä h n l i c h e n F o r m" (Heubner), tritt eine brettharte Schwellung des ganzen Halses dazu unter dem Bilde der Angina Ludovici. Inzisionen führen zu keiner Erleichterung, es entleert sich kein Eiter, nur dünnflüssiges Sekret, das Reinkulturen von Streptokokken enthält. Die Kinder sind apathisch und liegen ruhig mit zurückgebogenem Kopfe im Bett. Die Zunge ist trocken, fuliginös, die Atmung durch die Veränderung im Rachen und in der Nase erschwert. Eine Nahrungsaufnahme ist meistens unmöglich. Der Puls ist klein, die Temperatur hoch, oft über 40⁰. Toxische und septische Erscheinungen führen zum Exitus des Kindes. Bei der Sektion sieht man oft, daß der Nekroseprozeß auch auf den Larynx und die Trachea, manchmal auch auf den Oesophagus übergegangen ist.

c) Angina scarlatinosa sine exanthemate (Scharlach ohne Exanthem).

Es kommt nicht allzu selten vor, daß gleichzeitig mit einem typischen Scharlach in einer Familie eines der Geschwister oder sonst ein Angehöriger der Familie, der im Kontakte mit dem Scharlach war, unter Fieber an einer Angina mit oder auch ohne Belag erkrankt. Die allgemeine Anschauung geht nun dahin, daß es sich in solchen Fällen um eine Scharlachinfektion ohne Exanthem handelt.

Am weitesten in seiner Auffassung geht Szontagh, der überhaupt keine scharfe Grenze zieht zwischen skarlatinöser und einfacher Angina; nach ihm ist die Angina eine infektiöse Allgemeinerkrankung haematogenen Ursprungs, bei der lokale Veränderungen bloß auf den Mandeln bestehen, eine Anschauung, die auch Fein vertreten hat, der von „Anginose" spricht.

Sehr häufig wird bei jenen Fällen, die als Scarlatina sine exanthemate beschrieben werden, das Auftreten einer Schuppung im weiteren Verlaufe der Erkrankung gemeldet. In der Regel sehen wir aber die Schuppung nur nach Vorhandensein einer wenn auch leichten Entzündung oder eines Exanthems der Haut; Anginafälle, bei denen es doch zu einer wenn auch leichten Desquamation vor allem an Händen und Füssen kommt, müssen immerhin als verdächtig gelten, daß es sich hier doch um ein der Beobachtung entgangenes Exanthem gehandelt hat. Im allgemeinen wird angenommen, daß gerade solche Fälle von Anginen ohne Ausschlag für die Verbreitung des Scharlachs von großer Bedeutung sind; die Frage ist aber sicher noch nicht ganz klar. Es ist schon vorgekommen, daß Geschwister von Scharlachkranken gleichzeitig Angina ohne Exanthem bekommen haben und daß dann dieselben Kinder einige Monate später an typischem Scharlach erkrankten und der Spitalpflege übergeben werden mußten. Daraus muß geschlossen werden, daß die seinerzeitige Angina (zur Zeit der Familienscharlacherkrankung) nicht durch den Scharlacherreger, sondern durch einen anderen Anginaerreger bedingt war, da doch sonst bei den Anginakindern eine Immunität gegen Scharlach hätte eintreten müssen.

Auf Grund der neueren Fortschritte über die Aetiologie des Scharlachs sind wir vielleicht heute schon in der Lage, die Zugehörigkeit dieser Anginen ohne Exanthem zum Scharlach genauer zu erfassen. Die Untersuchungen des amerikanischen Ehepaares Dick haben gezeigt, daß ein bestimmter Streptococcus, der auf Blutnährböden zur Haemolyse führt und daher Streptococcus haemolyticus genannt wird, als Erreger und Ursache des Scharlachs anzusehen ist. Die Eintrittspforte sind die Tonsillen und beim chirurgischen Scharlach die Wunde (Verbrennung, Verätzung usw.). Der Ausschlag ist bedingt durch die von den Streptokokken gebildeten Scharlachtoxine. Es müßte also zunächst erwiesen werden, daß bei diesen Anginen sine exanthemate der Streptococcus haemolyticus immer nachweisbar ist; dann müßte man mit dem Dick-Test (Hautprobe) untersuchen, ob diese Fälle im Beginne der Erkrankung für Scharlach empfänglich und einige Wochen nachher scharlachimmun sind. Der Dick-Test besteht darin, daß ein verdünntes Toxin — die Seruminstitute liefern in Ampullen das konzentrierte Präparat mit der Angabe über die erforderliche Vedünnung — in der Menge von 0·10 Kubikzentimeter intrakutan gewöhnlich am Vorderarm eingespritzt wird. Kommt es nach dieser Injektion zu keiner Veränderung an der betreffenden Stelle, so wird daraus auf eine bestehende Immunität (Unempfindlichkeit für Scharlach) geschlossen; kommt es an der Injektionsstelle zur Bildung einer vorspringenden ödematösen roten Quaddel, so spricht diese Reaktion für Scharlachempfänglichkeit. Weiters könnte vielleicht noch das indirekte Auslöschphänomen zur Diagnose herangezogen werden. Es werden dem Anginakranken zwei Kubikzentimeter Blut abgenommen (am besten aus einer Vene) und einer Scharlachstation eingeschickt; etwa ein Kubikzentimeter Serum dieses Blutes wird nun einem Scharlach mit ausgeprägtem Exanthem intrakutan (Bauchhaut) eingespritzt. Es kann nun zweierlei geschehen: Das Serum löscht das Exanthem aus (Auslöschphänomen von Schultz-Charlton), an der Injektionsstelle tritt ein großer weißer Fleck auf: dann ist die Angina ohne Exanthem keine Scharlachangina, da das Serum sich so verhält wie ein Scharlachimmunserum. Bei negativen Ausfall, wenn also das Serum das Exanthem nicht auslöscht, kann man Scharlachinfektion annehmen, da das Serum sich so verhält wie Scharlach in den ersten drei Wochen. Doch ist dieses Resultat für die Beantwortung der gestellten Frage nicht mit Sicherheit zu verwerten, da auch Serum scharlachfreier Menschen mitunter keine Auslöschfähigkeit besitzt.

d) Scharlachangina und Diphtherie.

Die Komplikation von Scharlach und echter Diphtherie ist nicht so selten, namentlich dann, wenn beide Erkrankungen gleichzeitig epidemisch auftreten, wie dies in Wien im Jahre 1927/28 der Fall war. Die D i a g n o s e ist bei solchen Fällen gar nicht leicht. Klinisch spricht für Scharlach und gleichzeitige Diphtherie, wenn sich schon am ersten oder zweiten Erkrankungstag neben dem typischen Scharlachausschlage grauweiße, oft konfluierende, membranöse Plaques ohne nekrotischen Zerfall der Tonsillenränder zeigen und das Krankheitsgefühl kein besonders schweres ist, was bei ausgebreiteter Scharlachangina fast immer der Fall ist. Sichere Entscheidung bringen hier nur das Ausstrichpräparat und die Kultur.

Die **Behandlung** der leichten und mittelschweren Scharlachangina differiert nicht sehr von der Behandlung anderer Anginen. Es werden die verschiedenen Gurgelwässer verordnet, wie Salbeitee, Zitronenlimonade, Wasserstoffsuperoxyd (ein bis zwei Eßlöffel auf ein Glas Wasser oder Tee), Kaliumhypermanganat in blaßvioletter, wässeriger Lösung, Streptokokkenantivirus, Histan, Panflavintabletten zweistündlich eine Tablette (Trypaflavinpräparat).

Bei den schweren Fällen lassen wir die Kranken häufig kleine Mengen Tee (Eibischtee) gegen die Trockenheit des Mundes schlucken. Auch kleine Stückchen Eis werden oft gerne genommen. Statt des Tees kann auch Mandelmilch kühl gereicht werden. In die Flüssigkeiten kann zur Hebung des Nährwertes Zucker (10 bis 20%) gegeben werden. Die Lippen und die Naseneingänge werden mit Lippensalbe oder Borglyzerin (1 bis 3%) oder Borvaselinöl (Acidi borici 0·40, Olei olivar., Vaselin aa 10·0) eingefettet. Von Ausspülungen des Mundes und des Rachens lassen wir bei den schweren Fällen gewöhnlich Abstand nehmen, da diese Prozedur die ohnedies hinfälligen Kinder meistens irritiert; dagegen kann man den Mund mit kühlem Tee oder Borwasser oder Borglyzerin öfters auswischen lassen. Bei Drüsenschwellungen werden Umschläge mit essigsaurer Tonerde oder mit Borwaser gemacht. Statt der feuchten Umschläge werden bei stärkeren Schmerzen Umschläge mit einem Thermophor oder als Ersatz für ihn mit heiß gemachten Leinsamen (Semen lini), Antiphogistine gemacht oder endlich auch Bestrahlungen mit der Kohlenfadenlampe (50kerzig 10 Zentimeter Distanz) oder mit Solux mehrmals täglich vorgenommen. Unter Umständen kann auch eine Eiskravatte zur Schmerzlinderung versucht werden.

Von Einfluß auf den Ablauf der nekrotisierenden Anginen ist häufig die bei jedem derartigen Fall vorzunehmende Injektion von konzentriertem Scharlachheilserum. Es wird das konzentrierte antitoxische Serum (Serum antitoxic. antiscarlat.) in Dosen von 10 bis 20 Kubikzentimetern intramuskulär ein- bis zweimal injiziert. Überdies sind reichlich Herzmittel zu verabfolgen: Koffein mehrmals täglich 0·05 bis 0·1, Digitalis 0·5 pro die oder Strophantin 0·0002 bis 0·0004 einmal täglich intravenös, Cardiazol stündlich 0·05 bis 0·1 und dergl. Bei den schwersten infektiösen Formen bringt das Serum gewöhnlich keine Rettung. Das Kind erliegt der schweren Krankheit.

Statt des Tierserums kann auch Scharlachrekonvaleszentenserum verwendet werden. Das Blut wird den Scharlachkranken, negativer Wassermann und negativer Pirquet vorausgesetzt, in der vierten Woche in der Menge von etwa 50 bis 100 Kubikzentimetern aseptisch entnommen; das Serum wird dann in Mengen von 20 bis 30 Kubikzentimetern intramuskulär oder intravenös (steril) injiziert, wenn möglich in den ersten Erkrankungstagen.

2. Rachen- und Mundveränderungen bei Masern.

Das Stadium der Inkubation der Masern, das zehn bis vierzehn Tage währt, verläuft oft ohne besondere Krankheitserscheinungen; hie und da kommt es zu leichten Temperatursteigerungen, Klagen über Kopfschmerzen, Mattigkeit und ähnlichen Symptomen. Erst gegen Ende der Inkubation nehmen die allgemeinen Krankheitssymptome zu. Unter Temperaturanstieg setzt nun das Prodomalstadium ein, in welchem entzündliche Veränderungen von seiten der Schleimhäute vorherrschen. So fällt zunächst oft ein eigenartiger quälender Reizhusten auf, der bedingt ist durch eine Schwellung und Entzündung des Kehlkopfes und der Trachea; die Kinder niesen viel und aus der Nase entleert sich ein serösschleimiges Sekret; die Konjunktiven sind geschwollen, besonders die Karunkeln im inneren Augenwinkel. Alle diese Erscheinungen sind zwar für Masern verdächtig, namentlich wenn in der Familie oder in der Schule ein Masernfall vorgekommen ist, aber es können diese Symptome auch bei anderen infektiösen Erkrankungen der oberen Luftwege, zum Beispiel bei der Grippe vorhanden sein und es kann passieren, daß wir aus diesen Zeichen auf Masern schließen und eine Fehldiagnose stellen. Ja selbst ein anderes Sympton, das den älteren Ärzten besonders wertvoll schien, das Gaumenenanthem haben wir gar nicht so selten auch bei Grippe gesehen; dieses Enanthem besteht aus rundlichen oder streifigen, roten Flecken am weichen und am harten Gaumen, manchmal auch an den Tonsillen. Nicht selten treten auf der geröteten Schleimhaut des Rachens punktförmige Blutungen auf.

Eine andere Enanthemform, die der amerikanische Arzt Koplik im Jahre 1896 genau beschrieben hat, gilt als verläßliches Frühsymptom der Masern. Schon mehrere Tage vor Ausbruch des Exanthems kann man an der Wangenschleimhaut besonders gegenüber den unteren Molarzähnen, in vielen Fällen aber ausgebreitet über die ganze innere Wangen- und Lippenfläche kleinste, bläulichweiße, im Anfang disseminiert stehende Pünktchen und Fleckchen sehen, die von einem roten Hof umgeben sind: K o p l i k s c h e F l e c k e. In den nächsten Tagen sieht man nur eine diffus gerötete Schleimhaut, übersät mit dichtstehenden, weißlichen Stippchen, Kalkspritzern vergleichbar. Nicht immer stehen die Koplikschen Flecke in so dichter Aussaat, manchmal recht spärlich, bei manchen Epidemien können sie auch fehlen. Mit der Eruption des Exanthems schwinden langsam die Koplikschen Flecke. Um die Flecke rasch und gut zu finden und zu überblicken, wird der Mundwinkel mit dem Spatel nach außen gezogen. Histologisch handelt es sich hauptsächlich um eine Nekrose der oberflächlichen Epithellagen der Mundschleimhaut mit fettiger Infiltration des Epithels.

Von S o o r lassen sich die Koplikschen Flecke gewöhnlich leicht unterscheiden; die Soorflecke sind mehr über das Hautniveau erhaben, bröckelig, von weißer Farbe, ausgebreitet nicht nur über die Wangenschleimhaut, sondern auch am Gaumen und auf der Zunge vorhanden. Mikroskopisch ist bei Soor das Vorhandensein von Pilzen leicht nachzuweisen. Schwierig, ja oft unmöglich ist die Diagnose „Koplik-Flecke" zu stellen bei Kombination von Soor und Koplikschen Flecken, beispielsweise bei Säuglingen. Bei solchen Fällen führt wohl meistens erst das Exanthem zur Diagnose oder es kann aus den katarrhalischen

Erscheinungen, vor allem aus der Schwellung der Karunkeln der Verdacht einer beginnenden Masernerkrankung ausgesprochen werden.

Eine besondere Behandlung dieser Schleimhautveränderungen bei Masern ist kaum erforderlich.

3. Rachen- und Mundveränderungen bei Varicellen.

Gleichzeitig mit der Eruption von Varizellenbläschen auf der Haut kommt es bei vielen, allerdings nicht bei allen Fällen zum Aufschießen von kleinen, bläschenartigen Effloreszenzen auf der Schleimhaut des Mundes. Gewöhnlich sitzen die Bläschen auf leicht geröteter Schleimhaut, am häufigsten auf dem weichen Gaumen und an der Uvula, doch können sie bei intensiver Aussaat auch auf der Zunge, der Lippen- und Wangenschleimhaut, auf den Tonsillen, der Rachenwand und auch im Kehlkopfe beobachtet werden. Die zarte Blasendecke reißt infolge Mazeration und durch die häufigen mechanischen Insulte rasch ein und wir sehen dann oberflächliche Erosionen und Geschwürchen mit fibrinösem Belage. In diesem Stadium verursacht die Mundaffektion leichte Schmerzen und Schluckbeschwerden.

Eine besondere Therapie ist für diese Schleimhautaffektion gewöhnlich nicht nötig; kommt es zu Geschwürbildung und Schmerzen, dann können milde Gurgelwasser, wie Eibisch- oder Salbeitee, 2%iges Borwasser, 3%iges Wasserstoffsuperoxyd (ein bis zwei Eßlöffel auf ein Glas Tee), 40%ige Zuckerlösungen oder Methylenblaulösung (von einer 2%igen wässerigen Methylenblaulösung ein Kaffeelöffel auf ein Glas lauen Wassers oder Tee) empfohlen werden.

4. Rachen- und Mundveränderungen bei Variola.

Bei der Variola können sich die Munderscheinungen entweder gleichzeitig mit der Eruption auf der Haut oder auch einen Tag vor dem Hautexanthem einstellen. Nach Jochmann kommt es in der Mundhöhle zunächst zur Bildung von kleinen, linsengroßen, hyperaemischen Flecken, aus denen bald rote Papeln entstehen. Die Spitze der Papeln wandelt sich in Bläschen um. Nach dem Einreißen der Blasendecke bilden sich kleine Erosionen, die von einem weißlichen Saume, dem Epithelreste, umgeben sind. Durch Konfluenz mehrerer derartiger Bläschen entstehen unregelmäßig gezackte Ulzerationen. Am dichtesten ist gewöhnlich die Schleimhaut des weichen Gaumens von Bläschen besetzt. Doch können auch die Uvula, die Tonsillen, der Rachen, die Zunge (selten die obere Fläche) betroffen sein. In der dritten Periode der Erkrankung, der Eiterung, erreicht die Schleimhautaffektion ihren Höhepunkt. Die ganze Mundschleimhaut kann geschwürig zerfallen oder von Pseudomembranen bedeckt sein; dem Munde entströmt ein widerlicher Geruch. Infolge der Schwellung und der Schmerzen ist der Schluckakt erschwert oder unmöglich. Der schwere Geschwürsprozeß kann zu Erstickungsanfällen Anlaß geben.

Therapeutisch können Ausspülungen mit wässerigem Methylenblau oder mit 1%iger Pyoktanin- oder Hypermanganlösung versucht werden, ebenso Austupfen mit Neosalvarsanglyzerin (0·15:15·0); dieses Medikament darf man aber nicht mit Wasser verdünnen, da Neosalvarsan, das längere Zeit im Wasser stehen gelassen wird, giftig wird; man kann auch mit 5- bis 10%igen Stovarsol- oder Spirocidlösungen austupfen. Bei starken Schmerzen können Pinselungen mit 2- bis 4%iger Kokainlösung oder innerlich mehrmals täglich 20 bis 60 Tropfen Cibalgin versucht werden. (Rp. Cibalgin lag. orig.).

III. Angina ulcero-membranacea oder Angina Plaut-Vincenti.

Diese Angina hat ihre besondere Bedeutung wegen ihrer Ähnlichkeit mit Diphtherie. Und doch ist es in den meisten Fällen nicht so schwer, die beiden Krankheitsbilder auseinander zu halten. Die Angina Plaut-Vincenti ist im Kindesalter keine gar so seltene Erkrankung, sie kommt aber auch bei Erwachsenen vor; ihre Häufigkeit nimmt nach dem 30. Lebensjahr rasch ab.

Gewöhnlich beginnt sie akut unter leichtem Temperaturanstieg, selten mit höherem Fieber, Kopfschmerzen, leichten Halsbeschwerden, wie Druck, Trockenheit des Rachens. Manchmal sind die Beschwerden so gering, daß der Patient selbst oder die Angehörigen nur zufällig den weißen Belag im Halse entdecken, der dann sofort die Vermutung einer Diphtherieerkrankung auslöst und die rasche Konsultation des Arztes zur Folge hat. Die Temperatur kehrt meistens nach zwei bis drei Tagen zur Norm zurück und die Beschwerden sind dann weiterhin recht gering.

Bei der Untersuchung des Halses sieht man, daß fast immer nur eine Tonsille Sitz der Affektion ist. Auf der leicht geschwollenen und geröteten Mandel liegt ein weißlicher, ziemlich dicker, an der Oberfläche glatter, glänzender Belag. Dem Munde entströmt ein unangenehmer Geruch, die Halsdrüsen der betreffenden Seite sind etwas geschwollen. Die Zunge ist meistens dick belegt. Diese Form wird als die diphtheroide bezeichnet oder als Angina pseudomembranacea.

Vincent, Bernheim und Pospischill haben schon vor Jahren als die ersten darauf hingewiesen, daß neben der diphtheroiden noch eine zweite Form häufig zur Beobachtung kommt, bei der es neben dem pseudomembranösen Belag auch zur Bildung eines Geschwüres kommt, das als das Charakteristische der Erkrankung in Erscheinung tritt (ulzeröse Form). In sehr vielen Fällen tritt auch der geschwürige Zerfall der Tonsille primär ohne Membranbildung auf. Das Geschwür sitzt meistens am oberen Pole der Tonsille und erreicht oft eine beträchtliche Tiefe. Es ist mit schmutziggrauen, auch gelblichen, schmierigen Massen bedeckt, die sich leicht abnehmen lassen; der Geschwürsgrund selbst ist graurötlich verfärbt, bei Berührung meistens blutend. Die Ränder der Ulzeration sind steil, wenig infiltriert; das Geschwür wird bei der Beschreibung als „kraterförmig" bezeichnet.

Es wurde bereits erwähnt, daß der Prozeß fast stets nur eine Tonsille ergreift und auch im weiteren Verlauf auf sie beschränkt bleibt. Es liegen eine Reihe von Berichten vor, daß die Affektion auch auf die zweite Tonsille oder auf die Gaumenbögen, die Uvula übergehen kann; wir haben niemals die zweite Tonsille, dagegen öfters die Gaumenbögen und Uvula beteiligt gesehen und möchten die Angabe von Meyer bestätigen, daß trotz ulzeröser Veränderung der Tonsille die Läsion der benachbarten Teile stets nur membranös bleibt.

Auch bei der ulzerösen Form sind die Beschwerden meistens nicht bedeutend; der Foetor ex ore ist besonders stark und die Salivation vermehrt. Die Zunge ist dick belegt. Mitunter wird über ausstrahlende Schmerzen in die Ohren geklagt.

Eine besondere Stütze der klinischen Diagnose liegt in der bakteriologischen Untersuchung. Die Angina Vincenti gehört zu den Krankheiten, die man aus dem bakteriologischen Bilde auch ohne Kenntnis des Falles erschließen kann. Am besten eignet sich die Färbung mit wässerigem oder Karbolfuchsin. Das Präparat zeigt fast kein Fibrin, nur Eiterkörperchen und nekrotische Epithelzellen; von Mikroorganismen in Reinkultur ein an beiden Enden zugespitztes Stäbchen, den Bacillus fusiformis, und eine Spirochaete von 8 bis 20 Mikren (1 Mikron = 0·001 Millimeter) Länge mit flachen, weiten Windungen; sie wird als Spirochaeta denticola, von mancher Seite als Spirochaeta refringens bezeichnet. Bei der ulzerösen Form sind wohl immer beide Mikroben in Symbiose zu finden, bei der membranösen ist der Bacillus fusiformis mitunter allein, nicht selten aber auch kombiniert mit der Spirochaete vorhanden. Kulturell gehören sie zu den Anaërobiern;

rein konnten sie nur selten gezüchtet werden. Den Kulturen entströmt ein widerlicher Geruch (Gasbildung). Bei längerem Bestande der ulzerösen Angina Vincenti kommt neben den spezifischen Bakterien auch noch ein Gemenge von anderen Mikroorganismen — Staphylo-, Streptokokken, Stäbchen — vor.

Beide Mikroben gehören zu den normalen Mundbewohnern; reichlich sind sie in kariösen Zähnen, Zahnfleischentzündungen und Abszessen zu finden. Die fusospirilläre Symbiose ist auch noch bei einer zweiten Mundaffektion anzutreffen, nämlich bei der Stomakace oder Stomatitis ulcerosa. Beide Krankheitsformen (Stomatitis ulcerosa und Plaut-Vincent) können sich auch bei ein und demselben Patienten vorfinden, doch glauben wir, daß bei Vorhandensein einer ulzerösen Stomatitis sich wohl auch eine Angina Vincenti entwickeln kann, dagegen haben wir noch nicht gesehen, daß zu einer primären Plaut-Vincentischen Angina eine ulzeröse Stomatitis hinzutritt. Die fusospirilläre Symbiose findet sich, wenn auch nicht in Reinkultur, eigentlich bei allen mit Ulzeration und Nekrose des Gewebes einhergehenden Mundprozessen, so bei der Stomatitis mercurialis, dem Noma, oft auch bei der Diphtheria maligna, den leukaemischen Geschwüren, den syphilitischen Primäraffekten und den gummösen Geschwüren. Die Reinkultur gehört aber fast ausschließlich der Plaut-Vincentischen Angina an.

Die Ursache, warum sich die harmlosen Mundsaprophyten unter Umständen in virulente Bakterien umwandeln und besondere Krankheiten erzeugen, ist nicht sicher bekannt.

Prognostisch gehört die Angina Plaut Vincenti sicher zu den gutartigen Erkrankungen. Komplikationen oder Störungen im Ablauf gehören zu den größten Seltenheiten.

Die Diagnose betreffend ist es eigentlich auffallend, daß dieses ganz eigenartige charakteristische Krankheitsbld sehr häufig verkannt wird. Die Einseitigkeit in der Mehrzahl der Fälle, die geringen Beschwerden, die geringfügige Schwellung der entsprechenden Halsdrüsen, die subfebrilen Temperaturen, die lockere Beschaffenheit des Belages, die Geschwürbildung, der widerliche Geruch lassen schon klinisch an eine Plaut-Vincentische Angina denken. Die mikroskophische Untersuchung mit der Reinkultur von Bacillus fusiformis und der Spirochaeta dentium sichert natürlich die Diagnose.

Verwechslungen kommen im Kindesalter am häufigsten mit der Diphtherie vor. Das membranöse Aussehen läßt für den ersten Moment an diese Krankheit denken, doch spricht die Lokalisation und das Beschränktbleiben fast ausschließlich auf eine Tonsille, die Geschwürbildung ohne besondere Beschwerden, das Fehlen

von sonstigen Nasenrachenerscheinungen und von Nasensekretion
gegen Diphtherie. Bei der malignen Diphtherie, bei der in den Belägen oft neben den Diphtheriebazillen auch das fusospirilläre
Gemenge anzutreffen ist und bei der der foetide Mundgeruch oft
das ganze Krankenzimmer erfüllt, sind die schweren Krankheitserscheinungen, wie hochgradige Schwellung der Tonsillen und des
ganzen Rachengewölbes bis zur Pharynxstenose, das seröse,
blutige Nasensekret, die mächtige Schwellung der Halsdrüsen, das
schwere Krankheitsgefühl, die hohen Temperaturen so im Vordergrund des Bildes, daß eine Verwechslung kaum möglich ist und
die Diagnose Diphtherie dem Praktiker viel leichter zu sein scheint
als die Diagnose Angina Plaut-Vincenti. Ist die Angina Vincenti
auf beiden Tonsillen lokalisiert, ein sicher seltenes Vorkommnis,
dann ist allerdings klinisch die Differenzierung schwierig
und wir würden empfehlen, bei solchen Fällen unbedingt
Diphtherieserum zu injizieren.

Bezüglich der Angina necroticans des Scharlachs ist die
Differenzierung leicht; die Nekrose bei Scharlach ist mehr diffus
beiderseitig, übergehend von den Tonsillen auf die umgebende
Schleimhaut, die Halsbeschwerden sind hochgradig und mit
Schmerzen verbunden und endlich ist die Angina necroticans ja
regelmäßig mit dem typischen Scharlachexanthem vergesellschaft.

Gar nicht so leicht ist die Unterscheidung der Plaut-Vincentschen Angina von dem luetischen Primäraffekt und dem gummösen
Geschwür. Beide Affektionen können einseitig lokalisiert und auf
eine Tonsille beschränkt sein. In dem schmierigen Belag finden
sich gar nicht so selten neben anderen Bakterien auch der
Bacillus fusiformis und die Spirochaeta dentium. Leiner hat in
seiner Praxis einen zehnjährigen Knaben gesehen, der auf der
einen Tonsille ein schmierig belegtes Geschwür zeigte mit starker
Schwellung der Tonsille und Rötung des Gaumens. Die entsprechende Halsdrüse war stark geschwollen und schmerzhaft. Die
Temperatur war subfebril. Die mikroskopische Untersuchung
ergab ein Bakteriengemenge mit reichlichen fusiformen Stäbchen
und Mundspirochaeten. Es wurde zunächst an eine Angina Vincenti gedacht. Nach einigen Tagen waren die Begleiterscheinungen,
Schwellung der Drüsen, Rötung des Rachens intensiver, so daß der
Verdacht einer Primärsklerose auftauchte. Die Untersuchung des
Körpers ergab ein ausgebreitetes makulopapulöses Exanthem. Die
Infektion war von einem älteren Bruder erfolgt, der an einer
Syphilis und an ausgebreiteten Mundpapeln litt. Bezüglich des
gummösen Geschwüres muß hervorgehoben werden, daß es gewöhnlich scharf umschrieben, von steilen, infiltrierten Rändern
umgeben und sein Grund speckig belegt ist. Heutzutage werden

wir in Fällen, in denen uns die Klinik und die bakteriologische Untersuchung keine Klarheit bringt, das Serum auf die Wassermannsche Reaktion prüfen lassen.

Bei den leukaemischen Geschwüren der Tonsillen, die fast immer auch mit einem geschwürigen Zerfalle des Zahnfleisches oder der Wangenschleimhaut einhergehen, sind die hochgradige Blässe, die Drüsenschwellungen auch an anderen Stellen als am Halse, das schwere Allgemeinbefinden schon klinisch auffallend und werden zu einer genauen Blutuntersuchung Anlaß geben.

Die **Behandlung** der Plaut-Vincentischen Angina kann wie bei der gewöhnlichen Angina mit den gebräuchlichen Gurgelwässern beginnen, zum Beispiel Wasserstoffsuperoxyd (3%), ein bis zwei Eßlöffel für ein Glas Wasser, Kaliumpermanganat in Wasser (blaßviolett) oder ein Eßlöffel Pregel-Lösung in einem Glas Wasser oder Betupfen mit 3%igem Wasserstoffsuperoxyd oder mit 2%igem wässerigen Methylenblau (Solutio aquosa Methyleni caerulei) oder mit 1 bis 2%igem wässerigem Pyoktanin (Methylviolett). Es wurden auch intravenöse Injektionen von Neosalvarsan oder jetzt intramuskuläre von Myosalvarsan (beide Präparate in der Dosis von 0·15 bis 0·3 in 5 Kubikzentimetern sterilen Wassers empfohlen; doch kann man bei der an und für sich harmlosen Vincentischen Angina von Neosalvarsan-Injektionen Abstand nehmen, zumal da wir wissen, daß auch täglich mehrmalige Pinselungen der Tonsille mit Neosalvarsan-Glyzerin (0·15 : 15) oder mit Spirocid oder Stovarsol aufgelöst in Wasser (5 bis 10%ig, das ist zwei bis vier Tabletten zu 0·25 in 10 Kubikzentimetern Wasser) zu ausgezeichnetem Erfolge führen; unter Salvarsanpinselungen reinigen sich die geschwürigen Stellen sehr rasch. — Sind beide Tonsillen befallen und ist die Diagnose nicht sicher, dann ist es wohl am besten, Diphtherieserum zu geben (3000 bis 5000 A. E.), um so mehr, als im Falle es sich um keine Diphtherie handelt, auch die unspezifische Komponente des Serums (Proteintherapie) zur Wirkung kommen kann. (Wir haben einige Male ein rasches Zurückgehen der Plaut-Vincentschen Angina nach einer einzigen intramuskulären Injektion von 5 Kubikzentimetern reinen Pferdeserums gesehen.)

Die Behandlung, welche Methode wir immer wählen, führt gewöhnlich innerhalb von acht bis zehn Tagen zur Heilung.

IV. Die Halsentzündung (Angina).

Die bisher beschriebenen Formen der Entzündungen im Nasenrachenraum waren durchwegs durch selbstständige, für die betreffende Erkrankung charakteristische Erreger gekennzeichnet

Die nun folgenden Gruppen von Anginen sind es nach dem gegenwärtigen Stand der Forschung mehr durch die Eigenart des befallenen Organs als durch die der Krankheitserreger.

Der Racheneingang wird durch einen aus lymphatischen Gewebe bestehenden Ring von der Mundhöhle abgegrenzt. Die Rachenmandel, die Gaumenmandeln, die Zungenbalgdrüsen und zwischen diesen Gebilden verstreutes lymphatisches Gewebe bilden den lymphatischen Rachenring (Waldeyer). Die physiologische Bedeutung dieses Organs ist nicht mit Sicherheit anzugeben; vermutlich hat es wenigstens zum Teile die Aufgabe, den Organismus vor den auf dem Luftwege eindringenden Krankheitserregern zu schützen. So können sich auch gerade in den Tonsillen größere Mengen von Erregern anhäufen und es werden auch nicht selten Erkrankungen allgemeiner Art auf Infektion von den Bazillendepots der Tonsillen zurückgeführt. Demgegenüber steht die Anschauung Feins, der die Anginose, die chronische Entzündung des lymphatischen Gewebes im Rachen, nur als eine Teilerscheinung, bestenfalls als die frühzeitige Manifestation einer allgemeinen Infektionskrankheit auffaßt, ohne diesem Gewebe die Rolle einer Eintrittspforte oder eines die Krankheit verschuldenden Keimdepots zuzusprechen.

Wie dem auch immer sei, die akuten und chronischen Entzündungen der Rachenorgane sind eine häufige Erkrankung, bei der doch zumeist die lokalen Erscheinungen gegenüber den Allgemeinerscheinungen im Vordergrunde stehen. Dabei kommt es in der Regel zur Mitbeteiligung der regionären Lymphdrüsen am Halse; das sind die submaxillaren und angulären für Entzündungen der Tonsillen, die cervicalen Drüsen für Entzündungen des Nasopharynx. Daraus, welche Lymphdrüsen befallen sind, kann man häufig auf den Ort der Erkrankung schließen; so läßt vor allem die Lymphadenitis der Nackendrüsen an eine dem Auge schwerer zugängliche Affektion des Nasenrachenraumes denken.

Nach der Art und dem Grade der Entzündung wird diese Gruppe der Anginen unterteilt: in die Angina catarrhalis, die Angina follicularis und lacunaris, sowie die Angina phlegmonosa.

Verursacht werden diese Erkrankungen durch die ständigen Bewohner der Mundhöhle, also durch Staphylokokken, Streptokokken, Pneumokokken, Micrococcus catarrhalis und andere Keime. Nicht so sehr eine Veränderung im Verhalten dieser Erreger führt nun zum Ausbruche der Krankheit, sondern vielmehr eine erhöhte Bereitschaft des Organes. Als Ursachen für eine solche Erhöhung der Anginadisposition gelten Erkältungen und Überbeanspruchung durch stimmliche Anstrengungen. Selbstverständlich kommt es auch nicht selten zur Übertragung einer Angina von einen Menschen auf den anderen, wie man ja am gehäuften Auftreten in Familien oder Anstalten hinlänglich beobachten kann. Abgesehen davon gibt es auch Menschen jeder Altersstufe, die in mehr oder minder regelmäßigen Intervallen und ohne äußere Ursache an Anginen erkranken, also sicherlich bei gleichbleibender Mundflora einem Dispositionswechsel unterliegen. Deren Tonsillen sind in der Zwischenzeit frei von groben Veränderungen, zeigen aber meistens die Spuren abgelaufener Prozesse durch Zerklüftung und Schrumpfung, mögen in den Nischen, Lakunen oder im Parenchym Bazillendepots, ja Eiter enthalten sein oder nicht; keinesfalls aber ist die Hypertrophie der Tonsillen allein ein Anhaltspunkt für eine erhöhte Anginadisposition.

Die allgemeinen Krankheitserscheinungen im Beginne einer akuten Angina sind wesentlich schwererer und stürmischerer Natur, als es in der Regel bei Diphtherie der Fall ist. Es tritt oft ganz plötzlich hohes Fieber auf, meistens über 39°, 40°, manchmal sogar Schüttelfrost, große allgemeine Mattigkeit und Kopfschmerz. Im Säuglingsalter wird infolge der erhöhten Krampfbereitschaft dieser Lebensperiode bei so manchen Individuen jede Angina durch febrile Konvulsionen eingeleitet. Erst in zweiter Reihe kommen deutliche Lokalerscheinungen, also ein Gefühl der Rauhigkeit und Trockenheit im Rachen, alsbald zunehmende Schmerzen bei jedem Schluckakte, die mehr stechenden Charakter haben und meistens beim „Leerschlucken", also beim Schlucken von Speichel, stärker empfunden werden als beim Essen. Diese Schmerzen werden manchmal sogar bis ins Ohr hinein empfunden und von Kindern nicht selten überhaupt dorthin lokalisiert. Bei mehr einseitigem Sitze des Prozesses ist auch die Schmerzhaftigkeit verschieden stark. Ein vor allem bei Kindern häufiges und wichtiges Symptom einer Angina ist das Erbrechen, meistens im Verlaufe der Nahrungsaufnahme, verursacht durch einen von den entzündeten Rachenorganen ausgehenden Würgreflex. Dieses Erbrechen könnte somit bei hochfiebernden Kindern eher ein Hinweis auf die Halserkrankung sein; und doch wird häufig auf Grund dieses Symptoms zusammen mit der hohen Temperatur, die aber doch mehr für Angina als für die andere vermutete Krankheit charakteristisch ist, wenn überdies Bauchschmerzen bestehen, die Diagnose einer Appendizitis gestellt. Bauchschmerzen pflegt aber schließlich fast jedes Kind bei fast jeder Krankheit anzugeben, sei es infolge suggestiver Fragen der Umgebung oder weil ja das Abdomen im Kindesalter als Mittelpunkt jeglichen Unbehagens empfunden wird. Als weiteres Lokalsymptom wäre noch der bald auftretende unangenehme Mundgeruch zu verzeichnen und die rasche Ausbildung der regionären Drüsenschwellung.

1. Angina catarrhalis.

Wie schon der Name dieser Krankheit es besagt, handelt es sich hiebei um einen Katarrh der Schleimhaut, also um Rötung und Schwellung der Schleimhaut der Tonsillen und des Rachens ohne Bildung eines Belages. Die Tonsillen erscheinen wenig vergrößert, jedoch im Allgemeinen stärker rot und zudem sind einzelne Gefäßbezirke stärker injiziert. Der Glanz des Epithels ist geringer, diese Trübung kann sogar einen dünnen Belag vortäuschen. Die Schleimhaut des Rachens ist deutlich geschwollen, die Follikel an der hinteren Pharynxwand sind vergrößert und ein starker Schleimbelag kennzeichnet diesen Entzündungsprozeß. Auch die Mundschleimhaut pflegt ein wenig entzündet zu sein, die Zunge ist belegt. Überdies besteht häufig gleichzeitig eine mehr oder minder starke Rhinitis, während der Kehlkopf bei dieser wie bei den anderen Formen der Angina meistens unbeteiligt ist. Eine leichte Drüsenschwellung besteht wohl immer und ist auch ein diagnostischer Hinweis, doch hält sie sich stets in mäßigen Grenzen. Desgleichen ist das Fieber nicht hoch und auch die Halsschmerzen geringer als bei den übrigen Anginen. Die Krankheit dauert meistens nur wenige Tage und führt zu keinerlei Komplikationen.

Hie und da macht auch eine rein katarrhalische Angina stärkere Allgemeinerscheinungen, hohes Fieber; dann ist auch der lokale Entzündungsprozeß stärker, es besteht starke Schwellung, Auflockerung und Rötung der Schleimhaut mit Passageverengerung des Rachens und höhergradige Lymphdrüsenschwellung. Bei Säuglingen hingegen ist es die Regel, daß solche Anginen nur mäßige umschriebene, auf die Tonsillen und ihre Nachbarschaft beschränkte Entzündungserscheinungen aufweisen. Doch äußert sich in diesem Alter selbst dieser Katarrh mit höherem Fieber und einer mitunter länger dauernden Appetitlosigkeit, vor allem, wenn gleichzeitig ein Schnupfen besteht.

2. Angina follicularis und lacunaris.

Wir wollen es uns versagen, die mit Belagbildung einhergehende einfache Angina noch besonders zu unterteilen; es wird nach dem Ausgangspunkte des Belages aus den Krypten der Tonsillen oder von der Kuppe der Follikel unterschieden und daraus ein tiefer oder ein oberflächlicher Prozeß abgeleitet; es wird aber von anderer Seite die follikuläre Angina der katarrhalischen zugezählt.

Unter stärkeren Allgemeinerscheinungen setzt die Krankheit ein, so daß sich mitunter ein ernsteres Bild darbietet, als dem Prozesse tatsächlich entspricht. Die Mund- und Rachenschleimhaut ist diffus gerötet und geschwollen, die Tonsillen sind stark gerötet und vergrößert. Auf einer allein oder auf beiden treten kleine, bis stecknadelkopfgroße oder ausgedehntere hanfkorn- bis linsengroße Beläge von gelber oder gelbweißer Farbe auf, die deutlich entweder die Spitzen der Follikel bedecken oder aus den Lakunen hervorgehen. Sie sind matt, nicht so glänzend, wie die Diphtheriemembranen und lassen sich leicht abstreifen; dabei zeigt sich, daß sie nur breiige und keine derbe Konsistenz haben. (Die älteren Ärzte haben das Aussehen der mit den Eiterbelagpunkten versehenen Tonsillen dem „Sternhimmel" verglichen.) Anfangs stehen die Beläge einzeln, dazwischen ist deutlich die Mandeloberfläche sichtbar. Das kann so bleiben, der Prozeß kann aber allmählich auch an Ausdehnung gewinnen und es kommt mitunter zur Konfluenz der einzelnen Beläge, so daß schließlich die ganze Tonsille, jedoch u n t e r   s t r e n g e r   E i n h a l t u n g   d e r   G r e n z e n   i h r e s   G e w e b e s, mit einem gelßen, weichen, dicken Überzug versehen ist, dessen Ränder nicht festhaften, sondern aufgelockert erscheinen. Die Halslymphdrüsen schwellen an und sind recht schmerzhaft. Die subjektiven Beschwerden sind größer, vor allem macht sich die durch den Schluckschmerz behinderte Nahrungsaufnahme unangenehm fühlbar. Je nach der Ausdehnung des Prozesses beginnt die Abstoßung der Beläge nach zwei bis fünf Tagen und erfolgt dann ziemlich rasch; nur in den Krypten bleiben noch etwas länger Reste zurück. Die Temperatur bleibt solange erhöht, als die Drüsenschwellung besteht, so daß die Reinigung der Tonsillen nicht immer den Abschluß der Erkrankung darstellt.

Es gibt auch einen ausgesprochenen protrahierten Verlauf der Angina lacunaris, der sich über die Zeit einer Woche und mehr erstreckt, wobei es immer wieder zu abendlichen Temperatursteigerungen kommt, mit stärkerem Krankheitsgefühle, Mattigkeit, Appetitlosigkeit und Gewichtsabnahme. Doch auch diese Fälle klingen allmählich ab, die Temperaturzacken werden niedriger, es schieben sich immer wieder vollkommen fieberfreie Tage ein und schließlich kehrt die Temperatur, der Lokalbefund und das subjektive Befinden zur Norm zurück.

Ebenso kann es auch zu R e z i d i v e n der Angina kommen nach mehr oder minder kurzer Zeit. Solche Rezidive kennzeichnen sich durch eine chronische Lymphadenitis und führen nicht selten zu Komplikationen (Nephritis, Polyarthritis, Endocarditis, Serositis, Sepsis, Pyaemie.)

Im Säuglingsalter begegnet uns die lakunäre Angina in anderer Gestalt: Die Rachenschleimhaut und die Tonsillen sind weniger stark geschwollen und gerötet und die Beläge sind weiß und nur etwa stecknadelkopfgroß, ziemlich spärlich auf den Tonsillen verteilt. Es besteht eine mäßige Drüsenschwellung. Diese Form führt den Namen Angina punctata und ist für das Säuglingsalter charakteristisch. Sie macht die den übrigen Anginen entsprechenden Allgemeinerscheinungen.

Der entzündliche Prozeß des Rachens kann manchmal auf die Nachbarschaft übergreifen und zu lokalen Komplikationen führen. Als solche werden außer Rhinitis, in seltenen Fällen auch Laryngitis, vor allem Otitis media beobachtet. Sie wird von einem neuen Fieberanstieg begleitet und geht bei Erwachsenen und größeren Kindern mit sicher lokalisierten Schmerzen einher. Bei Säuglingen und Kleinkindern erhält man einen Hinweis auf die Erkrankung durch plötzlich einsetzende Unruhe und starke Empfindlichkeit der Gegend des kranken Ohres, die sich beim Berühren zum Beispiel beim Waschen kundgibt oder dadurch, daß die Kleinen immer wieder zum schmerzenden Ohr hingreifen, den Finger in den Gehörgang stecken oder die Ohrmuschel kneten.

Durch den Einbruch der in den erkrankten Tonsillen gebildeten Toxine oder der dort angesiedelten Keime in die Blutbahn kommt es auch zu Komplikationen allgemeiner Art. Diese sind gewiß nicht besonders häufig; doch kann man aus dem Bilde der Angina niemals die Wahrscheinlichkeit des Auftretens oder des Ausbleibens solcher Komplikationen voraussagen. Deshalb empfiehlt sich in der Behandlung einer jeden Halsentzündung ein Verhalten, das jeden Anschein von Sorglosigkeit vermeidet, und eine genaue Untersuchung der möglicherweise miterkrankten Organe. Im Kindesalter sind die Komplikationen selten, erst nach der Pubertät werden sie häufiger beobachtet. Es kann also im Anschlusse an eine Angina zu einer entzündlichen Affektion der Gelenke kommen, zu einer Polyarthritis rheumatica, deren Verlauf ganz kurzdauernd sein kann, die jedoch nicht selten chronisch-rezidivierenden Charakter annimmt und überdies zur Entstehung einer Endocarditis mit allen Folgezuständen führen kann. Es kommen auch unmittelbar im Gefolge der Angina Entzündungen des Pericards und der anderen serösen Häute vor.

Die postanginöse Nephritis wird mit Sicherheit auch bei nicht skarlatinösen Halsentzündungen beobachtet. Es wird nämlich vielfach die Anschauung vertreten, daß bei den Anginen mit nachfolgender Nephritis so gut wie immer ein Scharlach bestanden habe, der übersehen worden sei. Das ist aber nicht richtig. Für die Möglichkeit einer Nierenerkrankung nach Angina allein spricht schon der Umstand, daß solche Nephritiden nicht erst wie die Scharlachnephritis zwei bis drei Wochen nach der Angina, sondern im unmittelbaren Anschlusse an sie auftreten, ebenso wie zum Beispiele anschließend an pyogene Hautaffektionen. Schuppung konnten wir bei diesen Formen nie nachweisen, ebenso wenig das Vorkommen hämolytischer Streptokokken im Rachen. Man konnte sich auch mittels der Dickschen Reaktion überzeugen, daß die Nephritiker nach Angina noch scharlachempfänglich waren und blieben. Schließlich gibt es genug Fälle, bei denen erst nach Entfernung der Tonsillen eine Besserung und Heilung der Nephritis eintrat. Mit diesen Ausführungen soll natürlich keinesfalls die Aufmerksamkeit des Arztes bei der Untersuchung eines nierenkranken Kindes von den Anzeichen eines abklingenden Scharlachs (Schuppung, Otitis, Lymphadenitis) abgelenkt werden, da ja ein Scharlach in diesem Stadium noch als infektiös betrachtet werden muß.

Bei den postanginösen Nierenerkrankungen handelt es sich immer um eine Entzündung mit Hämaturie zum Unterschiede von der Nephrose bei Diphtherie. Das erste Anzeichen ist meistens der blutige Harn, doch kommt es auch nicht selten zur Bildung von Oedemen. In einigen Fällen haben wir es nur mit einer kurzdauernden herdförmigen Nephritis zu tun, die sich durch das Fehlen der Blutdrucksteigerung sicherstellen läßt. Meistens ist es jedoch eine akute hämorrhagische Glomerulonephritis mit allen für diese Krankheit charakteristischen Zeichen: Albuminurie, Hämaturie, Zylindrurie, Oligurie, Blutdrucksteigerung und Stickstoffretention. Der Verlauf dieser Nephritiden hat nichts Eigenartiges, es sei denn, daß des öfteren bei Rezidiven der Angina gleichzeitig auch Rezidive oder Verschlechterungen der Nierenerkrankung beobachtet werden.

Als sehr ernste, jedoch zum Glücke seltene Komplikationen seien schließlich die postanginöse Sepsis und die Pyämie erwähnt.

Die **Therapie** der Anginen ist im Grunde genommen recht unwirksam und ohne eigentlichen Einfluß auf den Krankheitsverlauf; sie beschränkt sich im Wesentlichen auf Maßnahmen, die die Begleiterscheinungen und subjektiven Beschwerden lindern. Unbedingt notwendig ist die Bettruhe, und zwar zwei Tage länger, als das Fieber dauert. Von lokalen Pinselungen wird derzeit mit gutem Grunde Abstand genommen; ihr Effekt ist mehr als fraglich und die Prozedur für Kranke und Arzt unangenehm. Der Kranke soll sich recht häufig, etwa stündlich, den Mund mit einem der bekannten Gurgelwässer ausspülen: Wasserstoffsuperoxyd, (ein bis zwei Eßlöffel in ein Glas Wasser), Salbeitee, Limonade, rosarote Kaliumhypermanganatlösung, Antivirus (Histan oder Staphylokokken-Streptokokken-Gemisch, unverdünnt), das man übrigens bei geduldigen Kranken mit einigem Erfolg auch zur Bepinselung der Mandeln verwenden kann. Besondere antiseptische Gurgelwässer gibt es nicht, denn so stark können die Gurgelwässer nicht sein und dann gelangen sie wohl kaum bis auf die Tonsillen und würden ja auch nicht in die Tiefe dringen. Angenehm werden auch die Panflavintabletten (alle ein bis zwei Stunden ein bis zwei Tabletten) und verschiedene andere Anginapastillen empfunden, die eine desinfizierende Wirkung haben sollen. Die starken Halsschmerzen lindern eine Eiskravatte oder Prießnitzumschläge um den Hals. Desgleichen wirkt das Schlucken von Eisstückchen oder von Fruchteis günstig, ebenso die Verabreichung kalter Getränke, wie Tee, Limonade, Fruchtsäfte, Schlagsahne, auch Mandelmilch. Die Behandlung der Drüsenschwellungen besteht vor allem in der häufigen Anlegung von Prießnitzumschlägen. Bei länger dauerndem fieberhaften Verlaufe haben wir des öfteren guten Erfolg nach ein- oder mehrmaliger intramuskulärer Injektion von einem halben bis ein oder zwei Kubikzentimetern Omnadin gesehen. Gegen die manchmal ansehnliche Temperatursteigerung sind Antipyretica (Aspirin, Salizyl, Salophen, Salipyrin, Chinin und dgl., die bei argen Schluckbeschwerden auch als Suppositorien verschrieben werden können) und Stammwickel zu verordnen.

Im Säuglingsalter und bei Kindern, die noch nicht gurgeln können, bedienen wir uns der folgenden Verschreibung: Hexamethylentetramin, Natr. salicyl. aa 1·0 bis 1·5, Aqu. Calcis 50·0, Succ. Liquirit. 3·0, Syrup. Althaeae 20·0, Aqu. font. ad 100·0. D. S.: zweistündlich einen Kaffee- bis einen Kinderlöffel.

Die die Erkrankung begleitende Anorexie bessert sich zuverlässig bald nach Abklingen der akuten Symptome. Im allgemeinen gibt man bezüglich der Kost den Wünschen des Kranken nach Möglichkeit nach; man erlaubt Milch, Milchkakao, Milchkaffee, Schleimsuppen, eingekochte Suppen, Milchspeisen, Eier- und Eierspeisen, Kompotte, feine Auflaufe, Gemüsebrei und dgl. Manche Kranke bevorzugen kühle, manche warme Speisen; viele schlucken breiige Kost beschwerdeloser als rein flüssige.

Setzt die Angina mit Konvulsionen ein, dann soll man vor allem durch hydriatische Prozeduren und Pyramidon (0·05) die Temperatur herabdrücken, ein Klysma verabfolgen, allenfalls Chloralhydrat 0·5 bis 1·0 mit Mucil. Gummi arab. 20·0 und Aqu. font. 30·0 als Klysma geben. Die Konvulsionen begleiten meistens

nur den raschen Anstieg der Temperatur und klingen nach einem,
oft schon nach einem halben Tage ab. — Die unter Umständen
die Halsentzündung begleitenden Ohrenschmerzen sucht man durch
einen Thermophor und Einträufelungen von 3-, 5- bis 10%igem
warmem Karbolglyzerin zu lindern.

3. Angina phlegmonosa.

Haben sich die bisher beschriebenen Formen der Halsentzündung auf die Oberfläche der Schleimhaut beschränkt, so
sollen jetzt Entzündungen des submukösen Gewebes im Rachen
dargestellt werden, die sogenannten phlegmonösen Anginen. Es
sind dies die Abszesse der Tonsillen, des peritonsillären Gewebes
und der hinteren Rachenwand.

Ein Tonsillar- oder Peritonsillarabszeß
kann im Anschlusse an eine lakunäre Angina entstehen oder aber
auch ohne daß eine solche Angina deutlich vorangegangen wäre.
Er manifestiert sich durch ein starkes Druckgefühl im Rachen,
meistens auf einer Seite, und durch intensive Schluckschmerzen
unter hohem Fieber von remittierendem Typus und unter allgemeinen Krankheitsgefühle. Im weiteren Verlaufe stellt sich eine
mehr oder minder hochgradige Kiefersperre, also die Erschwe-
rung der Mundöffnung, ein und eine Steifhaltung des Kopfes,
meistens nach vorne seitlich. Infolge der starken Schmerzen wird
selbst das Schlucken von Speichel eingeschränkt und so findet sich
der Mund mit Speichel angefüllt, wenn es nicht gar zu ständigem
Speichelfluß aus den Mundwinkeln kommt. Die Sprache ist
ganz eigenartig verquollen und gaumig.

Bei der Besichtigung des Rachens, die durch die Zwangs-
haltung des Kopfes und die Kieferklemme ziemlich erschwert
wird, zeigt sich eine düsterrote Verfärbung des weichen Gaumens
und der Tonsillargegend, meistens nur auf einer Seite und eine
deutliche Schwellung in diesem Bereiche; mitunter sieht man auch
noch die Reste eines konfluierenden lakunären Belages. Ist die
Entzündung auf das Gewebe der Tonsille beschränkt, dann
erscheint diese stark vergrößert und ragt weit vor, während die
Nachbarpartie, vor allem der vordere Gaumenbogen nur wenig
Anteil an dieser Geschwulst hat. Befindet sich der Abszeß jedoch
im peri- oder retrotonsillären Gewebe, dann erscheint die ganze
Gegend, also Tonsille, Gaumenbogen und selbst der weiche
Gaumen stark vorgewölbt, und die Uvula zur Seite gedrängt.
Manche Ärzte pflegen sich durch Palpation von dem Stadium,
in dem sich der Abszeß befindet, zu überzeugen. Dies geschieht

mit dem durch einen Fingerschützer armierten Zeigefinger, im Notfalle unter Zuhilfenahme des Mundsperrers oder derart, daß zwischen die Backenzähne der gesunden Seite ein senkrecht aufgestellter Metallspatel oder Löffelstiel geschoben wird, um das Zubeißen zu verhindern. Der tastende Finger hat zu ermitteln, ob irgendwo Fluktuation besteht. Das Krankheitsbild wird noch ergänzt durch eine starke einseitige Lymphdrüsenschwellung und durch den schlechten Zustand des Patienten, der unter großen Schmerzen leidet, auf die Nahrungsaufnahme verzichten muß und hoch fiebert.

So lange keine Fluktuation besteht, — das dauert meistens etwa drei bis acht Tage vom Krankheitsbeginne an —, beschränke sich die Behandlung auf fleißige Gurgelungen mit warmem Salbeitee oder dergleichen und auf häufig zu wechselnde warme Halsumschläge in Form von feuchten Kompressen, Sandsäckchen oder Thermophor.

Mitunter kann ein kleiner Tonsillarabszeß unter konservativer Therapie resorbiert werden oder, wenn er oberflächlich, also im Tonsillargewebe gelegen ist, auch spontan perforieren. Eine solche Möglichkeit ist weniger wahrscheinlich, wenn der Abszeß retrotonsillär liegt, doch kommt es auch hier zu Perforationen nach der Seite zu in der Richtung gegen die Uvula.

Eine Frühinzision oder die Anlegung von Skarifikationen, so lange eine Fluktuation nicht besteht, empfiehlt sich schon nach allgemein chirurgischen Grundsätzen nicht. Aber schon bei der ersten Andeutung einer Fluktuation oder nach mehr als fünftägigem Bestande des Abszesses ohne Neigung zur Rückbildung soll er eröffnet werden. Die Reifung des Abszesses ist an der starken Vorwölbung und an der Parese des weichen Gaumens zu erkennen.

Zur Eröffnung von Tonsillarabszessen benützen die Laryngologen eigene knieförmig gebogene Messer (Chiari), auch Messer, die im Griffe winkelig eingefügt sind. Der praktische Arzt, der über keine speziellen Instrumente verfügt, nimmt am besten ein Spitzbistouri, das er zur Sicherheit derart mit Heftpflaster umwickelt, daß nur die Spitze des Messers etwa 1½ bis 2 Zentimeter weit vom Pflaster freigelassen wird; oft muß man ja 1½ bis 2 Zentimeter tief eingehen, um auf den Eiter zu kommen. Wem das Messer unheimlich erscheint, der kann zur Eröffnung des reifen und nur mehr von einer verhältnismäßig dünnen Gewebsschichte bedeckten Tonsillarabszesses eine Kornzange mit scharfen, spitzgeschliffenen Enden benützen, die unschwer in das aufgelockerte Gewebe eingestoßen werden kann, worauf durch Öffnen der Branchen die Einstichöffnung erweitert wird. Die scharfe Eröffnung mit dem Messer ist aber für den Kranken schonender. Der Ort der Inzision ist die Stelle der stärksten Fluktuation und, wenn diese nicht genau festzustellen ist, ein Punkt in der Mitte der Verbindungslinie zwischen dem Uvulaansatz und dem letzten Molar. Der Schnitt erfolgt in der Richtung von oben innen nach unten außen und soll etwa einen Zentimeter lang sein. Nachher muß die Wunde jedenfalls mit einer Kornzange nach allen Richtungen gespreizt und der Kopf nach vorne gebeugt werden, damit der nun reichlich abfließende Eiter womöglich nicht in den Larynx oder Ösophagus gelangt. Es empfiehlt sich, womöglich den Eingriff im Chloräthyl- oder Ätherrausch vorzunehmen; doch soll man wegen der Gefahr einer Aspiration mit einer Nar-

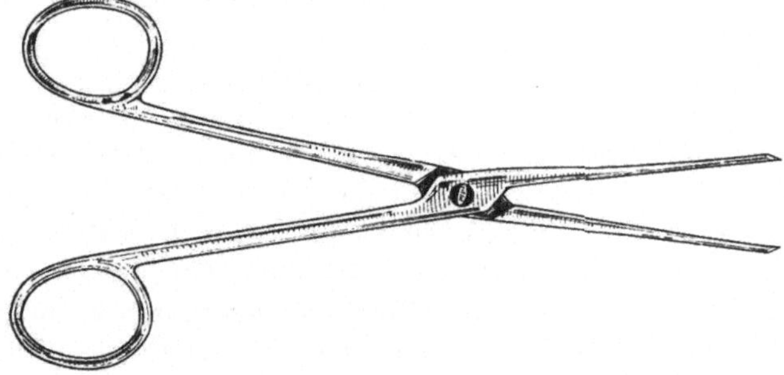

Zange zur Eröffnung eines Tonsillarabszesses.

Die Zange ist geschlossen in den Abszeß einzustechen und erst hernach zu öffnen.

kose in der Wohnung des Kranken recht vorsichtig sein und sie (bei Tonsillarabszeß) niemals ohne einen zweiten Arzt vornehmen. Die Entleerung des Eiters schafft große Erleichterung, und führt häufig zu rascher Entfieberung. Mitunter erweist es sich als notwendig, am folgenden und am dritten Tage die verklebten Wundränder mit der Kornzange oder mit der Hohlsonde nochmals zu spreitzen, um retinierten Eiter abfließen zu lassen. Die weitere Heilung erfolgt sehr rasch.

Sollte es bei der Inzision zu einer starken Blutung kommen, die dann aus der Arteria tonsillaris stammen dürfte, so ist deren Stillung, falls sie nicht spontan erfolgt, nur durch sofortige Tonsillektomie möglich. Anderseits darf auch nicht an die Möglichkeit einer Arrosion der Carotis durch den Tonsillarabszeß vergessen werden, die ausnahmsweise einmal vorkommt und bei der nur durch sofortige Kompression und Ligatur der Patient gerettet werden kann.

Bei rezidivierenden Tonsillarabszessen empfiehlt sich ebenfalls die Tonsillektomie, doch soll diese frühestens erst etwa vier bis sechs Wochen nach der letzten Entzündung vorgenommen werden; es sei denn, daß der Laryngologe durch eine besondere Indikation zu einer früheren Operation genötigt wäre.

Kommt es im Gefolge eines Katarrhs im Nasopharynx zur Entzündung einer Lymphdrüse an der hinteren Rachenwand und zu deren Vereiterung, dann haben wir das Krankheitsbild d e s r e t r o p h a r y n g e a l e n A b s z e s s e s vor uns. Die Allgemeinerscheinungen und die lokalen Beschwerden sind dieselben, wie bei der anderen Form der phlegmonösen Angina, nur gesellt sich noch eine mehr oder minder starke Atembehinderung dazu, die sich besonders bei Nacht durch ein in- und exspiratorisches ziehendes Rasseln kundtut. Die Kieferklemme ist geringer, sehr ausgesprochen jedoch die steife Haltung des ein wenig geradeaus nach vorne geneigten Kopfes. Die äußeren Drüsenschwellungen sind meistens mehr lateral gelegen, näher gegen die zervikale Gruppe zu. Beim Blick in den Rachen sieht man manchmal gar nichts Pathologisches, manchmal eine Rötung und umschriebene Vorwölbung an der hinteren Rachenwand. Durch die Palpation jedoch wird der Befund eines entzündlichen Tumors von Haselnuß- bis Wallnußgröße in diesem Bereiche erhoben. Der Retropharyngealabszeß ist eine Krankheit, die vor allem in den ersten zwei Lebensjahren auftritt. Die Therapie ist die Inzision ähnlich jener beim Tonsillarabszesse, jedoch soll mit der Inzision nicht zu lange gezögert werden, da die Möglichkeit einer Eitersenkung mit konsekutiver Mediastinitis gegeben ist. Bei der Inzision soll der Kopf raschest nach vorne geneigt werden, um eine Aspirationspneumonie zu verhüten.

V. Andere Formen von Angina.

1. Angina aphthosa.

Die Angina aphthosa ist in der Regel eine Begleiterscheinung einer Stomatitis aphthosa; nur selten sind die Tonsillen primär erkrankt und nimmt dann die Stomatitis ihren Ausgang von den Tonsillen. Es finden sich auf den Mandeln einige wenige gelbe, flache, etwa linsengroße Effloreszenzen, die nach dem Verlust der Epitheldecke kleine, dünnbelegte Substanzverluste hinterlassen. Hie und da findet man bei Angina aphthosa im Anfange eine starke Rötung der Uvula und manchmal auch kleine Blutungen am Gaumen, wie man das sonst nur bei Scharlach sieht. Ganz ausnahmsweise ist eine aphthöse Erkrankung im Munde oder im Rachen auch mit einzelnen charakteristischen hanfkorngroßen Aphtheneffloreszenzen an der Fingerbeere oder an der Haut neben dem Nagel (paronychal) verbunden, die sich nach Abhebung der Epidermis zu kleinen nur langsam heilenden Geschwürchen verwandeln. — Meistens tritt eine Lymphadenitis am Halse auf. Die Schmerzhaftigkeit ist nicht gering.

Als Therapie für die Angina aphthosa empfehlen sich Gurgelungen mit Methylenblau (ein Kaffeelöffel einer 2%igen wässerigen Lösung auf ein Glas Wasser) oder mit dem früher als Spezifikum angesehenen Kalium chloricum (5·0 bis 10·0 : 1000·0). Auch direkte Pinselungen mit der 2%igen Methylenblaulösung oder mit 40·0%iger Zuckerlösung oder mit 10%iger Stovarsollösung werden empfohlen. Die begleitende Stomatitis aphthosa muß natürlich ebenfalls behandelt werden. Am besten ist das täglich ein- bis zweimalige Betupfen der Geschwüre mit 3%iger Lapislösung, wodurch rasch der üble Geruch und der Schmerz beseitigt werden. Lapisbetupfung bei aphthösen Geschwüren ist vollkommen schmerzlos. Auch Pinselungen mit 2%iger Methylenblaulösung oder mit 10%iger Stovarsollösung sind gut wirksam. Jodtinktur ist dagegen zwecklos. Der Verlauf der aphthösen Angina ist in der Regel komplikationslos.

Nicht uninteressant sind die Beziehungen zwischen Aphthen des Menschen und Maul- und Klauenseuche der Tiere; aber diese Frage ist noch ungeklärt.

2. Angina herpetica.

Bei der Angina herpetica handelt es sich in der Regel nur um eine Lokalisation von Herpeserruptionen auf der Pharynx- und Tonsillarschleimhaut bei meistens gleichzeitigem Aufschießen von Herpesbläschen an anderen Stellen, vor allem an den Lippen und Wangen. Es besteht hiebei höheres Fieber und meistens auch starker Kopfschmerz. Die Bläschen auf der Rachenschleimhaut sind sehr klein, etwa stecknadelkopfgroß, und hinterlassen, wenn sie geplatzt sind, ganz seichte runde Geschwüre, die von einem hyperämischen Saum umgeben sind. An der Oberfläche tragen sie einen gelblichen Belag. Die Hals- und Schluckschmerzen sind recht stark, auch die begleitende Lymphadenitis ist besonders schmerzhaft. Die Erruptionen können sich in Schüben wiederholen.

Therapeutisch wird man den Schmerz durch Umschläge oder durch den Thermophor oder den Eisbeutel (Eiskravatte) zu bekämpfen trachten. Gurgelungen mit milden Gurgelwässern (Eibisch, Methylenblau) werden die Reinigung des Mundes beschleunigen.

3. Angina leptothricea (Algosis faucium leptothricea).

Diese überaus seltene Form einer Belagbildung auf den Tonsillen besteht aus einer Anhäufung von Pilzrasen. Sie haben weiße „milchglasähnliche" Farbe, sind matt und trocken und haben eine krümmelige Oberfläche. Sie bestehen aus einzelnen kleinen Flecken, die allmählich zu größeren Herden konfluieren. Nach der Abstoßung hinterlassen sie seichte, scharfrandige Geschwüre. Es besteht k e i n F i e b e r und auch keine subjektiven Beschwerden. Wird der Belag unter dem Mikroskop untersucht, so zeigt sich eine Menge dicht verfilzter langer Pilzfäden. Die Affektion entwickelt sich sehr langsam, bleibt auch lange bestehen und wird gerne chronisch. Einer eingreifenden Therapie bedarf sie nicht. Es werden Mundspülungen mit Haller Jodwasser empfohlen. Auch kann der Versuch gemacht werden, die Pilzbröckel einfach mit der Pinzette von den Tonsillen abzustreifen. Schließlich werden auch Pinselungen mit einer Nikotinlösung von 1 : 2000 empfohlen (Fischl). Führen diese Behandlungsversuche nicht zu einem befriedigenden Resultate, so ist an eine fachärztliche Behandlung mit dem Galvanokauter zu denken. Übrigens ist die Krankheit so harmlos, daß sie nicht um jeden Preis beseitigt werden muß.

4. Angina pneumococcica.

Die Pneumokokkenangina wurde im Jahre 1908 zum ersten Male von S e m o n beschrieben und seither hie und da — sehr selten — beobachtet. Die Beläge haben grau- oder bläulichweiße Farbe, werden mit einem Lapisschorf verglichen oder als porzellanartig bezeichnet. Sie können ganz klein sein, sich jedoch auch über die Tonsillargrenzen auf die Uvula, ja auf den Gaumen, die Zunge und Wangen ausdehnen. Dabei besteht eine Lymphadenitis. Der Verlauf ist sehr chronisch, die Beläge können zeitweise verschwinden und wiederkehren. Im Ausstrichpräparate findet man Diplokokken, daher auch der Name Diplokokkenangina. Solche Anginen können spontan ausheilen, jedoch auch unter septischen Allgemeinerscheinungen zum Tode führen. Als Therapie wird entsprechend der Ätiologie die Anwendung von Pneumokokkenserum oder Pneumokokkenvakzine empfohlen.

5. Angina agranulocytotica.

1922 wurde von Schulz eine meistens rasch zum Tode führende septische Erkrankung beschrieben, die stets eigenartige Rachenveränderungen im Vordergrunde hat. Es bestehen auf der entzündeten Schleimhaut der Tonsillen und des Pharynx schmutziggraue, in Nekrose zerfallende Auflagerungen auf den Tonsillen, der Uvula, den Gaumenbogen und auch auf der hinteren Rachenwand unter gleichzeitiger stärkerer Drüsenschwellung am Halse. Die Angina agranulocytotica hat zweifellos im Anfange eine große Ähnlichkeit mit einer Diphtherie (Mischform). Tatsächlich werden die Fälle nahezu ausnahmslos den Krankenhäusern als Diphtherie eingeliefert und erst das absolute Versagen des Heilserums läßt den Verdacht auf Agranulocytotica aufkommen. Die Krankheit ist vor allem durch einen hochgradigen Mangel, ja selbst ein vollkommenes Fehlen der Granulozyten im Blute gekennzeichnet; an weißen Blutkörperchen finden sich eben fast nur Lympho- und Monozyten. Sie wird als Sepsis, neuerdings auch als endokrine Störung aufgefaßt. Der Ausgang ist fast immer tödlich, doch werden neuerdings auch einige geheilte Fälle mitgeteilt, wobei von der einen Seite (Zikowsky) der Erfolg der Anwendung eines spezifischen Heilserums zugeschrieben wurde, je nach der Art der die Sepsis verursachenden Erreger; von anderer Seite (Friedmann) wurden gute Resultate mit Röntgenbestrahlung des Knochenmarkes erzielt. Diphtherieserum, das meistens gegeben wurde, ist wirkungslos, ebensowenig hat man von Bluttransfusionen, Neosalvarsan und allgemeinen Antisepticis einen Erfolg gesehen.

6. Angina retronasalis (Adenoitis, Angina pharyngea, Drüsenfieber).

Die ersten Erscheinungen bei retronasaler Angina sind Ansteigen der Temperatur, Schnupfen mit erschwerter Atmung und Anschwellung der Hals- und besonders der Nackendrüsen. Die Behinderung der Atmung zeigt sich besonders zur Nachtzeit. Der Schlaf ist unruhig, oft unterbrochen durch Aufschrecken und schnarchende Inspirationen. Die Inspektion ergibt eine Rötung des Rachens, mit Schwellung der Follikel. Die hintere Rachenwand ist in der Regel mit glasigem eitrigem Schleim bedeckt, der aus dem hinteren Nasenrachenraume herunterfließt. Als die häufigste Komplikation dieser Krankheit ist die Otitis media zu nennen. Das Ohr soll bei jedem dieser Fälle täglich untersucht werden. Sehr häufig weist schon das schmerzliche Weinen der Kinder, die sich durch die gewöhnlichen Maßnahmen, wie Aufnehmen, Herumtragen, nicht beruhigen lassen, das Greifen der Kinder zum Kopf, das Hin- und Herwerfen im Bett, mitunter auch das Erbrechen auf die bestehende Mittelohrentzündung hin. Bei manchen Fällen sind die pharyngealen Erscheinungen nicht hochgradig, dafür treten die Drüsenschwellungen zu beiden Seiten des Halses immer mehr hervor. Sie erreichen nicht selten die Größe einer Männerfaust und fühlen sich derb an. Jede Bewegung des Halses verursacht Schmerzen, der Kopf wird ganz steif gehalten. Das sind die Fälle, die man auch heute noch als D r ü s e n - f i e b e r bezeichnet, das wahrscheinlich von einer Angina retronasalis seinen Ausgang nimmt.

Der Verlauf dieser Erkrankung zieht sich meistens unter hohem remittierendem Fieber über Wochen hin. Im allgemeinen gehen die Schwellungen der Drüsen langsam nach der zweiten Woche zurück, doch kann es auch an einer oder seltener an beiden Halsseiten zur Suppuration kommen.

Der a k u t e fieberhafte Beginn mit Schnupfen, die hohen Temperaturen, das rasche Anschwellen der Drüsen lassen den etwaigen Verdacht einer Skrophulose leicht ausschließen.

Die B e h a n d l u n g besteht in Bettruhe, Schwitzprozeduren durch Einnahme von kleinen Dosen von Salizyl oder Aspirin (0·2 bis 0·5) und Trinken von warmem Tee (Lindenblütentee) oder warmer Limonade (ein- bis zweimal täglich).

Lokal können gegen den Schnupfen zum Beispiel versucht werden Einträufelungen von Adrenalin-Borwasser (Solutio Adrenalini 1 : 1000 1·0, Solutio aquos. acid. borici 3% ad 20·0) mehrmals täglich oder 2% Collargollösung oder Antivirus oder Pyocyanase oder Auswischen der Nase mit Tampons, die mit den genannten Mitteln angefeuchtet werden; auch Salben, wie Liqu. alumin. acetici 2·0, Adrenalin (1 : 1000) 0·5 bis 1·0, Adipis lanae 5·0, Olei paraffini ad 20·0, leisten manchmal Gutes. Von intern anzuwendenden Mitteln möchte ich noch das Atrocal (Atropin und Calcium) erwähnen. Die Luft im Zimmer muß recht feucht sein; das wird erzielt durch Aufhängen von feuchten Tüchern, Eintauchen von glühendem Stahl (Bügeleisen) in ein großes Gefäß mit Wasser oder durch den Bronchitiskessel oder durch den sogenannten Serenus-Apparat.

Gegen die Drüsenschwellungen verwenden wir laue Umschläge, wie essigsaure Tonerde oder Borwasser oder Antiphlogistin und mit besonderem Erfolge Bestrahlungen mit einer Kohlenfadenlampe (50kerzig) oder mit dem Soluxapparat. Bei suppurativer Einschmelzung der Drüsen wird der Eiter durch eine Inzision entleert, wobei aber nicht auf die Kosmetik vergessen werden darf.

Bei dem selten vorkommenden chronischen oder rezidivierenden Verlaufe kommt die Tonsillektomie und Adenotomie (Entfernung der adenoiden Vegetation) in Frage.

Diese Eingriffe werden in letzter Zeit vielfach vorgenommen und so seien anhangsweise einige Bemerkungen über die Indikationen für diese Operationen angefügt. In erster Reihe sind die Mandeln und die adenoiden Wucherungen zu entfernen, wenn sie durch übermäßige Größe eine Atembehinderung bewirken; bei manchen Menschen, besonders bei Kindern, macht sich die Hypertrophie durch Schnarchen und Schlafen mit offenem Munde bemerkbar. Das führt dann leicht zu chronischem Husten, für den sich in den tieferen Luftwegen keine Ursache finden läßt. Des weiteren sind solche Tonsillen zu entfernen, die häufig entzündet sind; bei dieser chronischen Tonsillitis müssen die Mandeln nicht unbedingt vergrößert sein, doch verrät ihre zerklüftete Oberfläche die Narbenbildung nach Eiterungsprozessen; manchmal gelingt es auch durch Druck mit dem Spatel aus der Tiefe Eiter auszupressen. Auch äußerlich unveränderte Tonsillen können erkrankt sein, und durch ständige Toxinausschwemmung aus den Bakteriennestern in ihrem Innern kann es zu dauernden Fieberzuständen kommen, deren Ursache unklar ist, und gar nicht selten in einer Apizitis oder Bronchialdrüsenerkrankung gesucht wird; vergrößerte Lymphdrüsen am Halse und am Nacken können dann auf den Krankheitsherd hindeuten. So gelten also mit Recht ungeklärte, chronische Fieberzustände als Indikation zur Tonsillektomie. An örtlichen Erkrankungen sei schließlich noch die rezidivierende Otitis erwähnt, die häufig erst nach Entfernung der Mandeln und vor allem der adenoiden Vegetationen ausheilt. Eine ernste Rolle und häufig eine kausale Bedeutung fällt dem lymphatischen Rachenringe bei der Entstehung und bei den Rezidiven von Polyarthritis rheumatica, Endocarditis und Nierenentzündungen zu; daraus ergibt sich die Forderung, in jedem Falle einer solchen Erkrankung, wenn sie nachweislich tonsillogen entstanden ist, nach Abklingen der akuten Erscheinungen die Tonsillen zu entfernen. Ist die Entstehungsursache unsicher oder nicht im Zusammenhange mit den Tonsillen, dann ist es wohl sinngemäßer, mit dem Eingriffe bis zu einem allfälligen Rezidiv zuzuwarten.

Die Operationen werden von den Laryngologen bei Kindern in der Regel im Ätherrausche, bei Erwachsenen meistens in loker Anästhesie vorgenommen. An Stelle der früher geübten Tonsillotomie, der Abkappung der Mandeln, ist nunmehr die vollkommene Ausschälung der kranken Tonsillen getreten, die Tonsillektomie.

Druck von Alois Mally, Wien V.

Verlag von Julius Springer in Wien I.

Medizinisches Seminar

Herausgegeben vom
Wissenschaftlichen Ausschuß des Wiener medizinischen
Doktorenkollegiums

508 Seiten. 1926. In Leinwand gebunden Reichsmark 13·50.

Aus den Besprechungen:

Eine ungemein interessante Fülle von Fragen aus allen Gebieten der ärztlichen Praxis ist hier in anregendster Weise besprochen. Besonders wertvoll wird das Buch durch ein umfassendes Register. Es ist ein Buch, **aus dem besonders der Praktiker einen selten großen Gewinn haben** kann und in dem er auf die meisten ihn beschäftigenden Fragen eine Antwort finden wird. *Klinische Wochenschrift.*

Es ist kaum glaublich, welchen Reichtum von Begriffen dieses nur 500 Seiten lange Buch enthält und mit welcher Leichtigkeit sie dem Verständnis nahegebracht werden. Der Erfolg dieser Art von Fortbildung scheint mir gerade in dem nicht systematischen Charakter der ganzen Anlage, positiv ausgedrückt, in der **ungemein reichen** und, wie aus den Stichproben hervorgeht, **übersichtlichen, bescheidenen, nicht hochtrabenden Fragestellung** aus dem Gesamtgebiete der Medizin zu liegen. *Münchner medizinische Wochenschrift.*

Das Buch verdankt seine Entstehung den von dem Wiener medizinischen Doktorenkollegium allwöchentlich veranstalteten Seminarabenden, in welchen Fragen aus allen Wissensgebieten der Medizin in zwangloser Weise einer erläuternden Besprechung von zuständiger Seite unterzogen wurden. Die Entstehung erklärt auch Form und Inhalt. Probleme, welche den gewissenhaften Arzt zufolge seiner praktischen Tätigkeit beschäftigen, werden erörtert, daher sind es **vor allem therapeutische und differentialdiagnostische Fragen,** welche hier ihre klare und sachgemäße Beantwortung gefunden haben. Das Buch, dessen Inhalt alphabetisch nach Schlagwörtern auf das übersichtlichste geordnet ist, wird dann vor allem erwünscht sein, wenn eine rasche und prägnante und dem letzten Stande der Forschung entsprechende Orientierung über ein Wissensgebiet der Medizin gesucht wird. So wird dieses Buch sowohl dem **praktischen Arzte, als auch dem Facharzte,** letzterem zur raschen Belehrung über ein ihm fernerstehendes Gebiet, äußerst willkommen sein. *Zentralblatt für Haut- und Geschlechtskrankheiten.*

Ein zweiter Band erscheint im Juni 1928.